KB139682

# No.1

**최신판**

최신 출제경향에 맞춘
**최고의 수험서**

# 토목산업기사

## 도면작도

이관석 · 박기식 공저

**이 책의
특징**

토목구조물에 대한 도면작성 및 설계도를 기초부터 명시하여
누구나 쉽게 이론과 원리를 습득할 수 있도록 하기위해
예제 중심의 교재로 기획되었다.

예문사

# preface

Industrial Engineer Civil Engineering

이 책은 토목공사의 설계 및 시공에서 토목구조물에 대한 도면작성 및 설계도를 기초부터 이해하기 쉽게 명시하여 누구나 쉽게 이론과 원리를 습득할 수 있도록 하기 위해 예제 중심의 교재로 기획되었다.

전문대학의 교재로 사용하는 데 초점을 맞추어 저술하였으나 넓게는 토목산업기사 시험을 준비하는 수험생은 물론 토목 관련 학생들, 그리고 건설의 제일선에서 활약하는 중역기술자의 참고서로서도 유용하게 쓰이게 되리라 기대한다.

특히, 도면설계를 위해 작도 순서를 세세히 수록하였으니 잘 활용하기 바라며, 이 책으로 공부한 모든 분들이 소기의 목적을 달성하기를 기원한다.

최선을 다했으나 미비한 점에 대해서는 추후 수정 보완할 것을 약속 드리며 선후배의 관심과 지도편달을 기다리며, 이 책이 나오기까지 여러 면에서 지도와 조언을 주신 학교 선후배들과 도서출판 예문사의 직원들께 깊은 감사의 뜻을 표한다.

이 관 석

# C·O·N·T·E·N·T·S

**Chapter 01** | L형 옹벽

**Chapter 02** | L형 옹벽 (활동방지벽)

**Chapter 03** | 역 T형 옹벽

# C·O·N·T·E·N·T·S

## Chapter 06 | 앞 부벽식 옹벽

## Chapter 07 | 1연 도로암거

*Industrial Engineer Civil Engineering*

# Chapter 01

## L형 옹벽

# Chapter 01 L형 옹벽

## 요구

주어진 도면과 작도조건 및 주의사항을 잘 읽고 주어진 모눈종이에 소요의 축척을 사용하여 도면을 완성하시오.

## 1. 도면작도 조건

### (1) 철근의 배근간격

① $W_1$, $W_2$, $W_3$, $W_4$, $F_2$ 철근은 250mm 간격으로 배근한다.

② $H$, $F_1$ 철근은 각 125mm 간격으로 배근한다.

③ $F_3$ 철근은 200mm 간격으로 배근한다.

### (2) 도면의 배치

주어진 옹벽구조도의 도면배치는 단면도를 중심으로 하부에 저판배근도, 우측에 벽체 배근도를 그리고, 일반도는 저판 배근도 우측(벽체 배근도 하부)에 각각 작도하고 철근 상세도는 도면의 여백에 맞추어 적절히 배치한다.

### (3) 도면의 축척

단면도는 1/40로 작도하고 벽체 저판 배근도를 단면도에 맞추어 1m씩 1/40로 작도하시오.
단, 일반도와 철근상세도는 도면의 여백에 적절히 배치한다.

## 2. 도면 작도시 주의사항

(1) 도면의 작도는 KS 토목제도통칙에 따른다.

(2) 도면의 상단에는 도면의 명칭과 각 부 도면의 명칭 및 축척을 도면의 크기에 알맞게 쓰시오.

(3) 철근 번호 및 철근 치수 등을 빠짐없이 도면에 표시하여야 한다.

(4) 제한시간 이내에 도면 작도가 끝나야 한다.

(5) 표제란은 도면 예와 같이 도면 우측 상단 모서리에 작도한다.

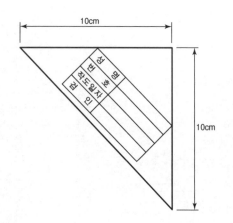

## L형 옹벽 작도 순서 ⇨ ⇨

### 1. 외형 단면도 작도

① 벽체의 전면을 작도
한다.

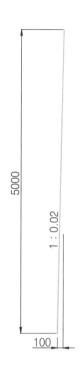

② 벽체의 저판을 작도
한다.

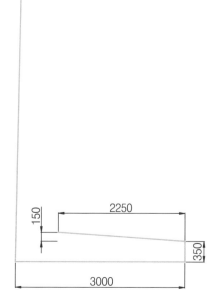

③ 헌치 부분을 작도한
다.

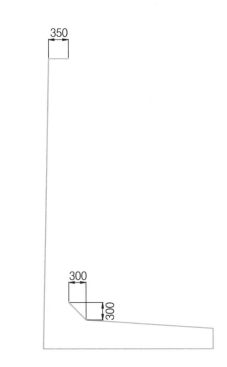

④ 벽체 후면을 작도한
다.

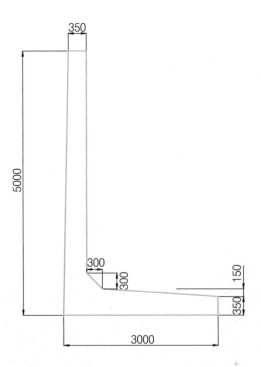

## 2. 주철근 배근 작도

① W1 철근을 작도한다.

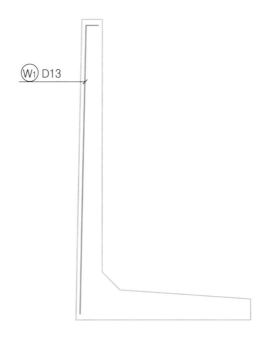

② W2 철근을 작도한다.

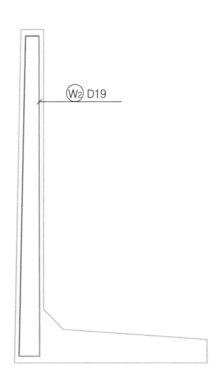

③ W3 철근을 작도한다.

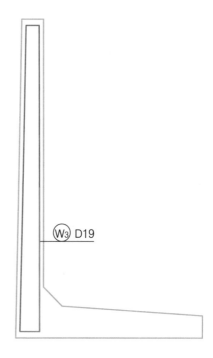

④ F1 철근을 작도한다.

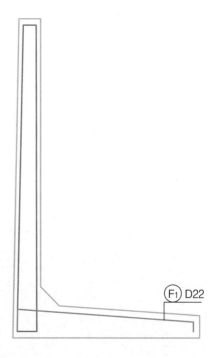

⑤ F2 철근을 작도한다.

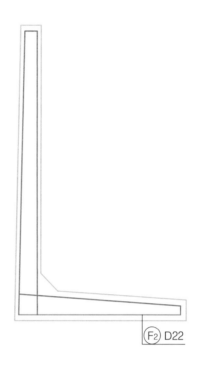

F2 D22

⑥ 헌치 H 철근을 작도
한다.

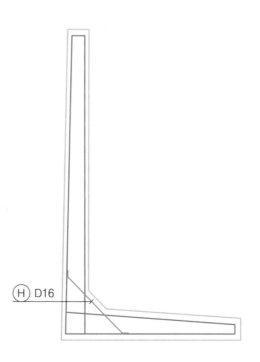

H D16

## 3. 점철근 배근 작도

① W4 철근을 작도한다.

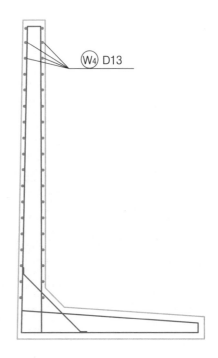

② F3 철근을 작도한다.

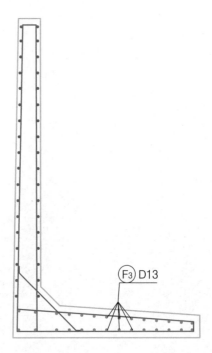

## 4. 스페이서 철근 작도

① $S_1$, $S_2$ 철근을 작도한다.

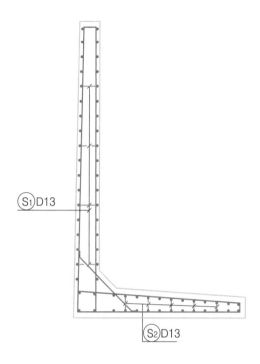

## 5. 치수 기입

① 철근 기호를 기입한다.

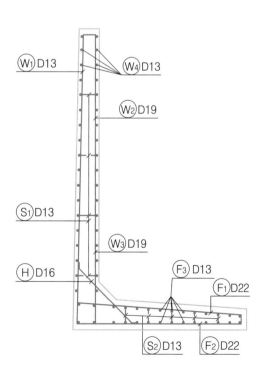

② 단면도 치수를 기입
한다.

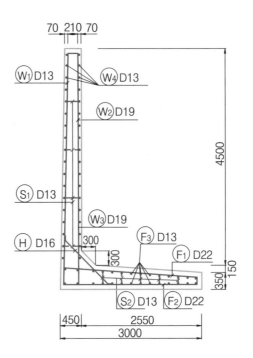

# 6. 벽체 작도

① 전면, 후면 길이 1m
를 작도한다.

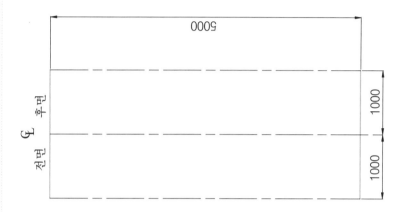

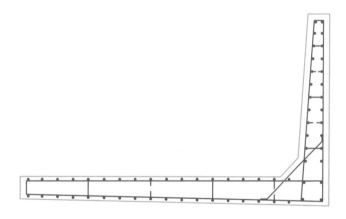

② W₄ 철근을 전면에
　작도한다.

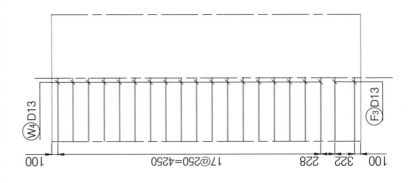

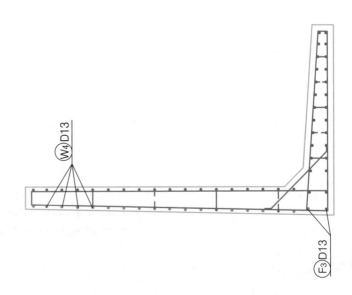

③ W4 철근을 후면에
　 작도한다.

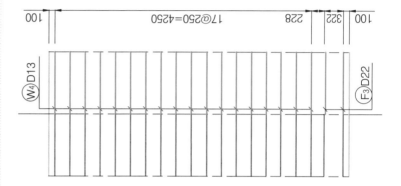

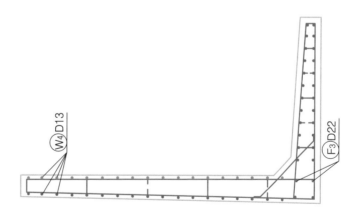

④ W1 철근을 작도한다.

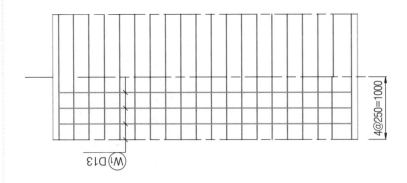

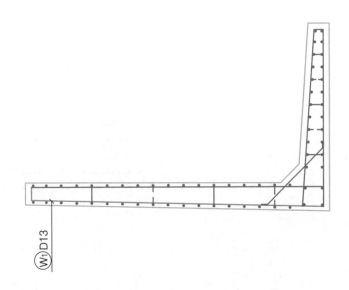

⑤ W2 철근을 작도한다.

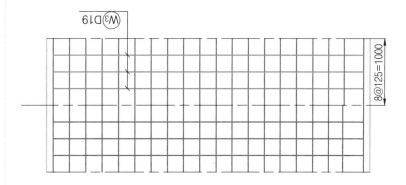

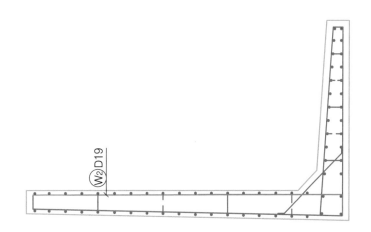

⑥ W3 철근을 작도한다.

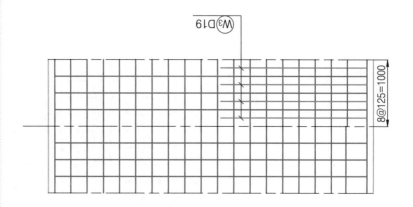

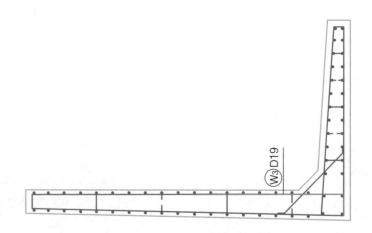

⑦ H 철근을 작도한다.

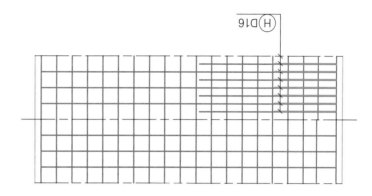

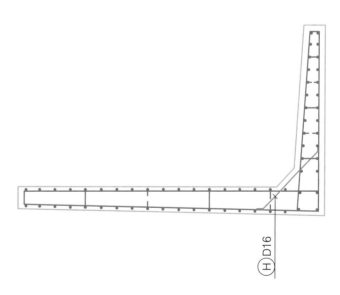

⑧ S1 철근을 작도한다.

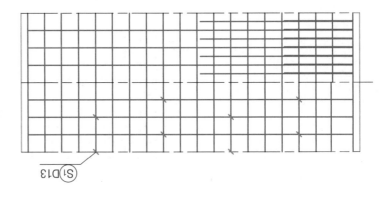

$S_1$ D13

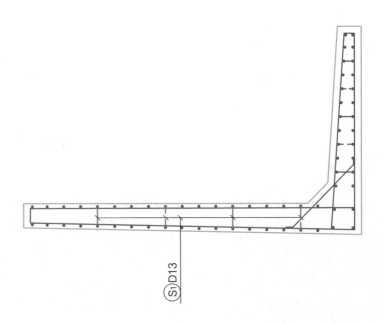

$S_1$ D13

⑨ 철근 기호를 기입한다.

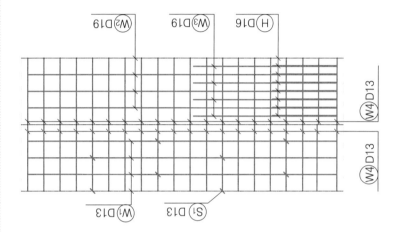

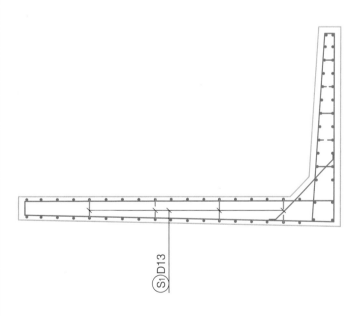

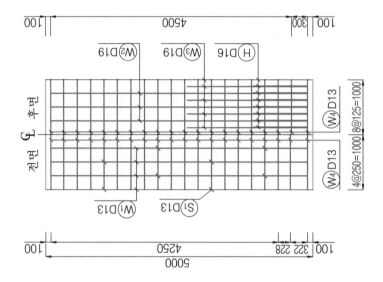

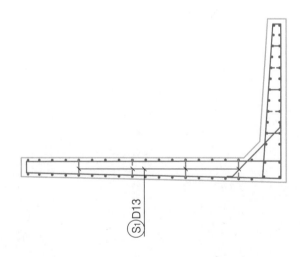

⑩ 벽체 치수를 기입한다.

## 6. 저판 작도

① 상면, 하면 길이 1m
　를 작도한다.

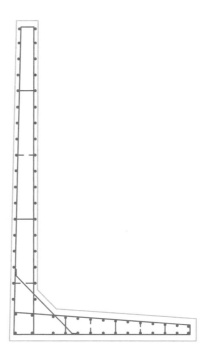

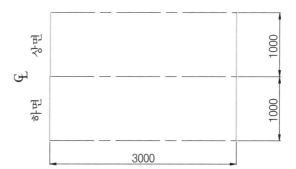

② F1 철근을 작도한다.

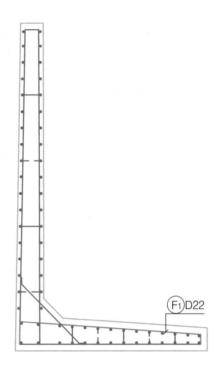

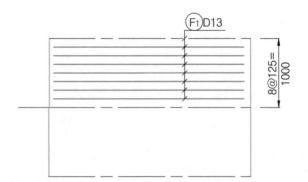

③ F2 철근을 작도한다.

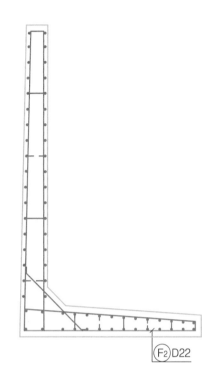

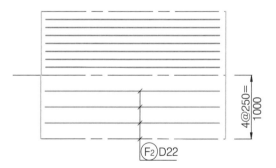

④ F3 철근을 상면에 작
도한다.

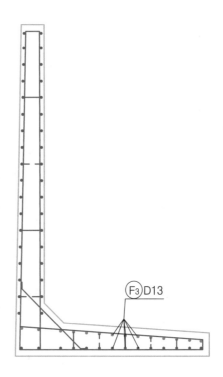

(F3) D13

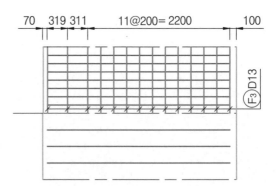

⑤ F₃ 철근을 하면에 작
도한다.

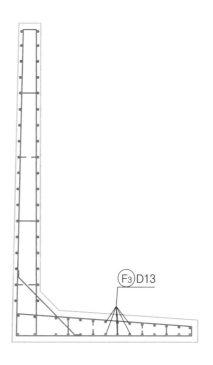

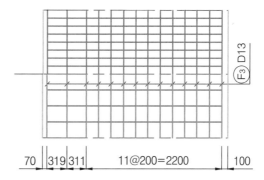

| 70 | 319 | 311 | 11@200=2200 | 100 |

⑥ S2 철근을 작도한다.

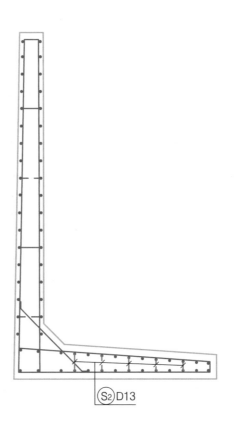

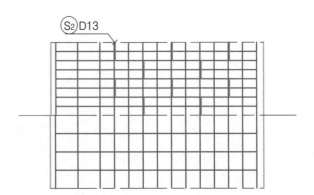

⑦ 철근 기호를 기입한다.

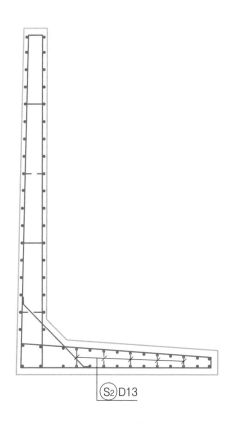

$S_2$ D13

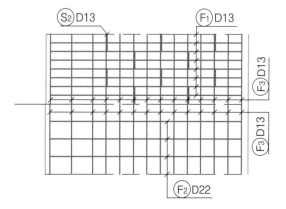

⑧ 저판 치수를 기입한다.

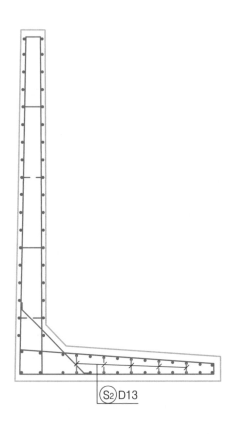

$S_2$ D13

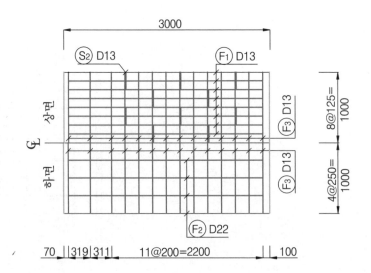

# 〈보충〉 확대한 정답도면

## 1) 단 면 도

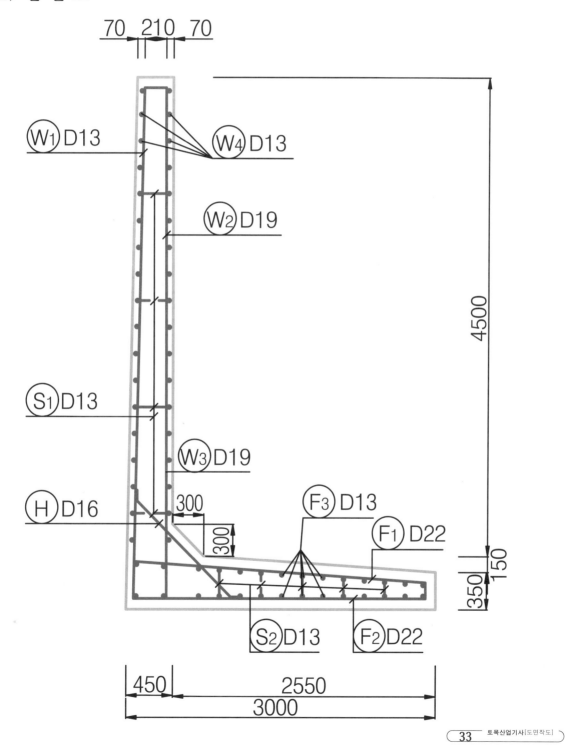

## 2) 저 판

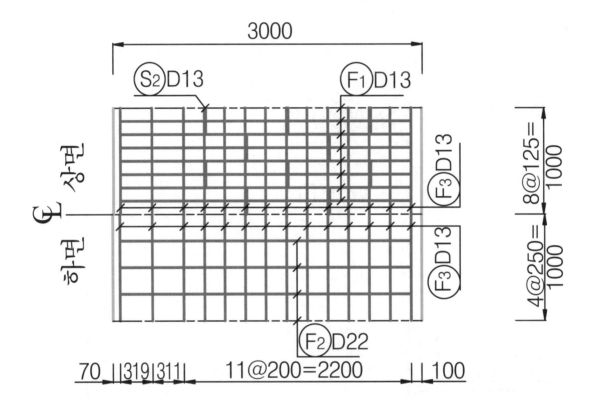

## 3) 벽 체

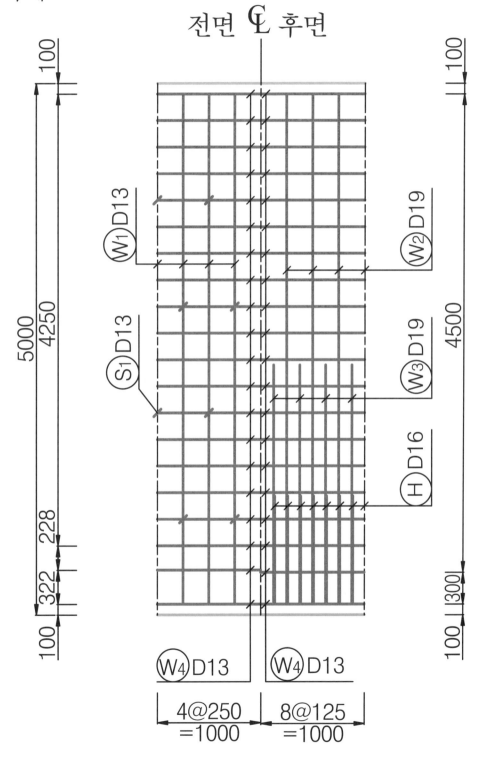

memo

*Industrial Engineer Civil Engineering*

# Chapter 02

## L형 옹벽 (활동방지벽)

# Chapter 02 　 L형 옹벽 [활동방지벽]

## 요 구

주어진 도면과 작도조건 및 주의사항을 잘 읽고 주어진 모눈종이에 소요의 축척을 사용하여 도면을 완성하시오.

## 1. 도면작도 조건

(1) 철근의 배근 간격

① $W_1$, $W_2$, $W_3$, $W_4$, $F_3$, $F_2$, $k_2$ 철근은 250mm 간격으로 배근한다.

② $W_4$ 철근 간격은 200mm 간격으로 한다.

③ H, $F_1$, $k_1$ 철근 간격은 125mm로 한다.

(2) 도면의 배치

주어진 옹벽구조도의 도면배치는 저판 배근도는 단면도를 중심으로 하부에 배치하고 벽체 배근도는 단면도를 중심으로 우측에 배치하고 일반도는 저판 배근도 우측에 각각 작도하고 철근 상세도는 적절히 배치한다.

(3) 도면의 축척

도면의 축척은 전도면을 1/40 축척으로 하여 벽체, 저판 배근도를 1m씩 작도하시오. 단, 일반도와 철근상세도는 도면의 여백에 적절히 배치하시오.

## L형 옹벽 (활동방지벽) 작도 순서 ⇒ ⇒    Chapter 02

### 1. 외형 단면도 작도

① 벽체의 전면을 작도
한다.

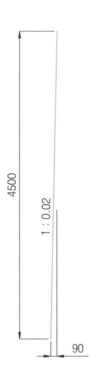

② 벽체의 저판을 작도
한다.

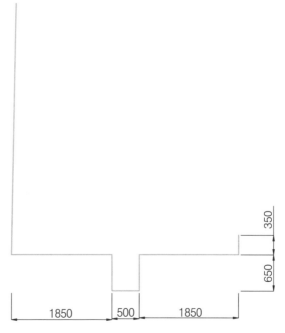

3250

350

③ 헌치 부분을 작도한
  다.

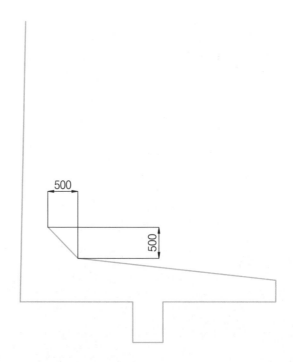

500

500

④ 벽체 후면을 작도한
   다.

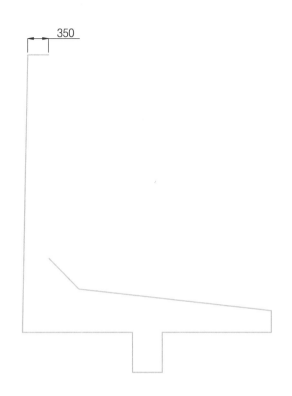

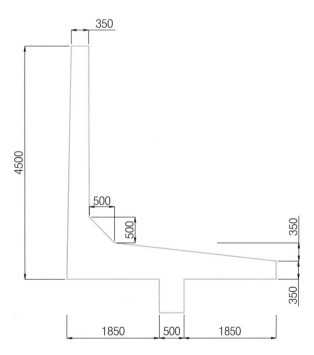

## 2. 주철근 배근 작도

① W₁ 철근을 작도한다.

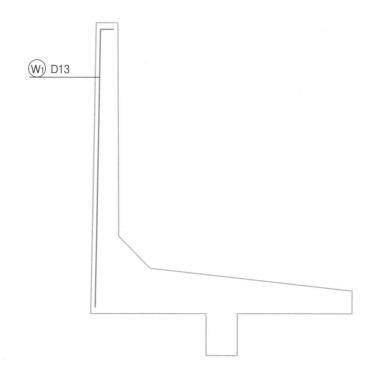

② W₂ 철근을 작도한다.

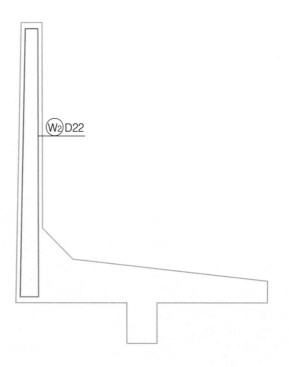

③ F₁ 철근을 작도한다.

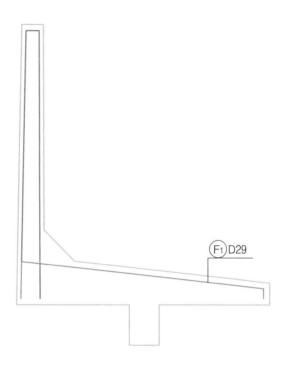

④ F₂ 철근을 작도한다.

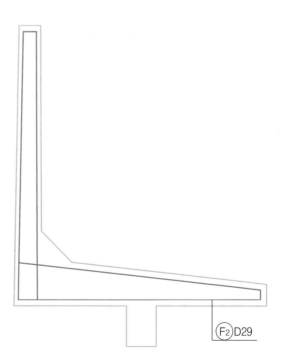

⑤ H 철근을 작도한다.

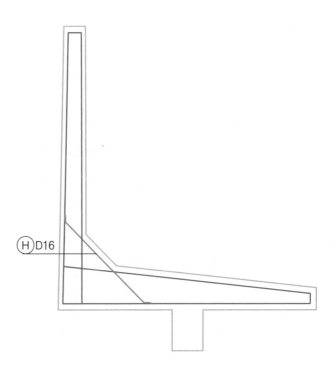

⑥ K₁ 철근을 작도한다.

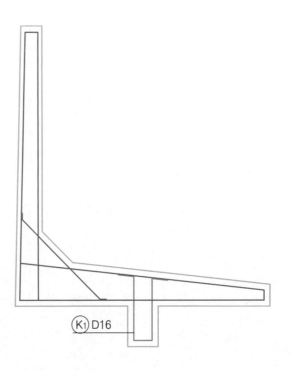

## 3. 점철근 배근 작도

① W₄ 철근을 작도한다.

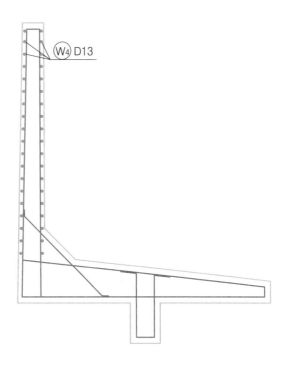

② F₃ 철근을 작도한다.

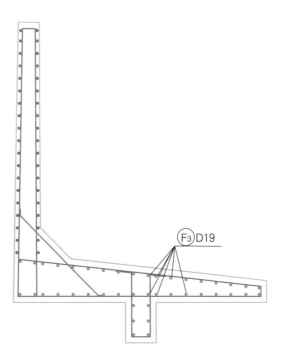

③ K2 철근을 배근한다.

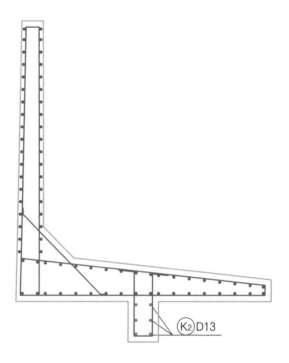

(K2) D13

## 4. 스페이서 철근 작도

① $S_1$, $S_2$ 철근을 배근
한다.

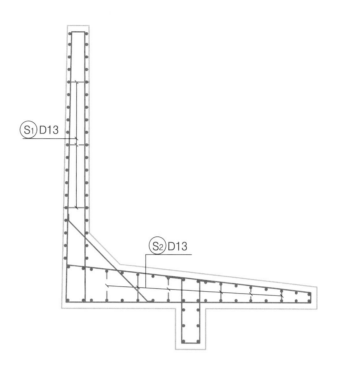

② 철근 기호를 기입한다.

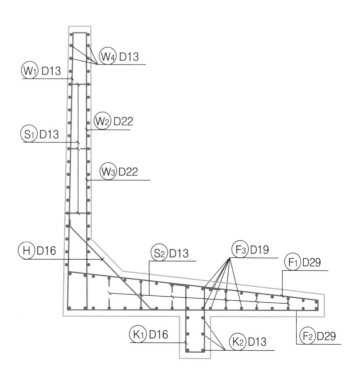

③ 완성된 단면도의 치
　수를 기입한다.

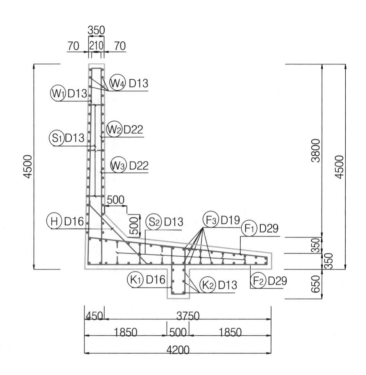

## 5. 저판 작도

① 상면, 하면 길이 1m
　 를 작도한다.

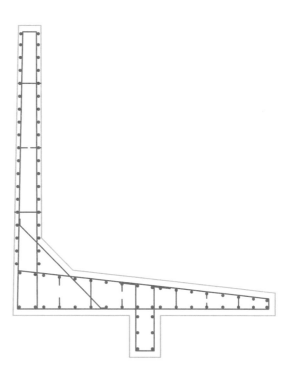

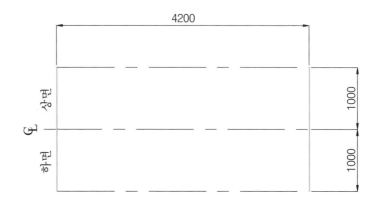

② F3 철근을 상면에 배
　근한다.

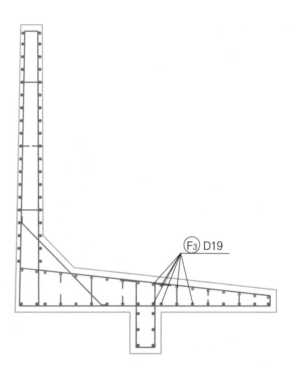

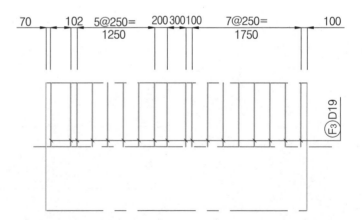

③ F3 철근을 하면에 배
근한다.

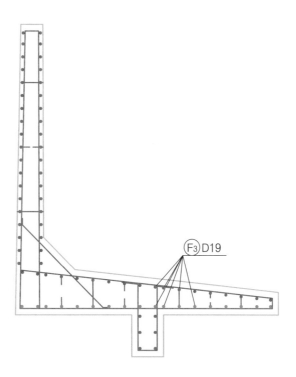

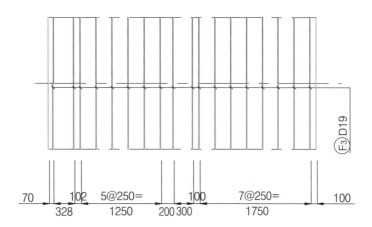

④ F1 철근을 배근한다.

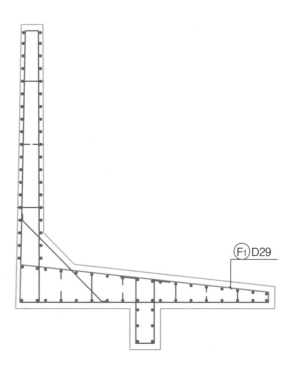

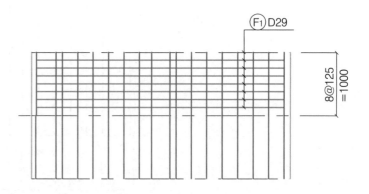

⑤ F2 철근을 배근한다.

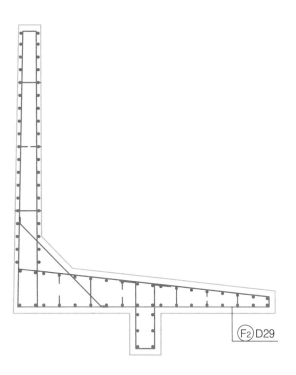

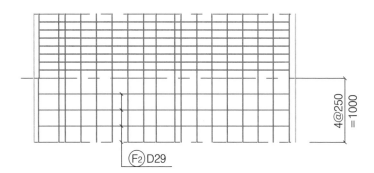

⑥ 스페이서 철근 $S_2$를
작도한다.

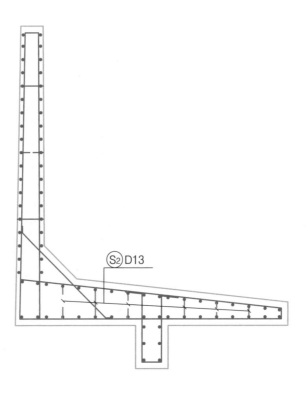

$\text{S}_2$ D13

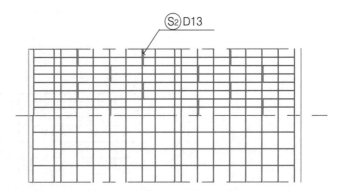

$\text{S}_2$ D13

⑦ 철근 기호를 기입한다.

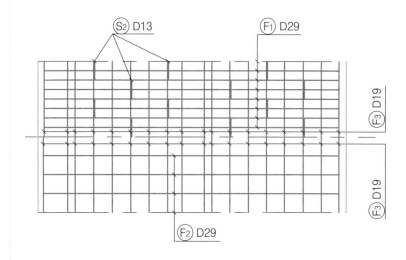

⑧ 저판 치수를 기입한다.

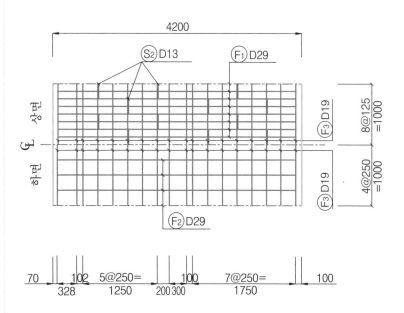

# 6. 벽체 작도

① 전면, 후면 길이 1m
를 작도한다.

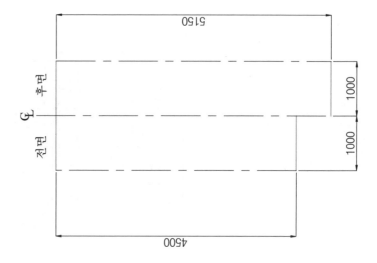

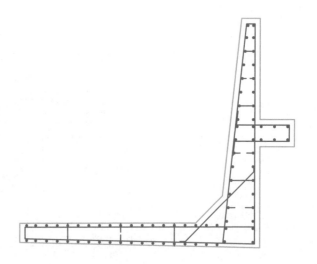

② W1 철근을 작도한다.

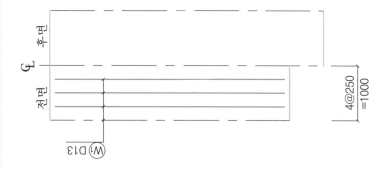

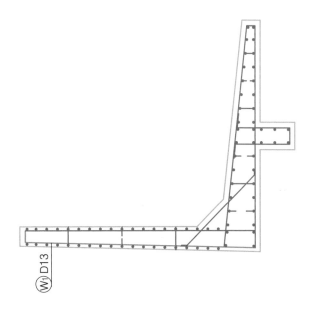

③ W2 철근을 배근한다.

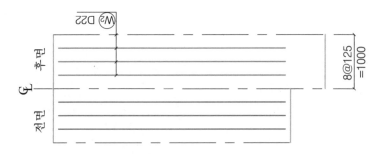

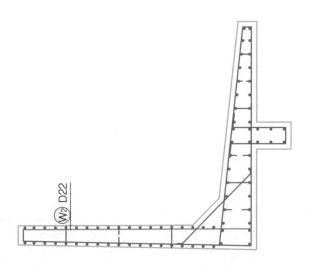

④ $F_3$과 $W_4$ 철근을 전면에 배근한다.

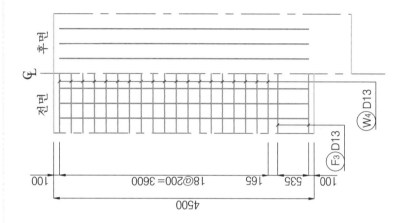

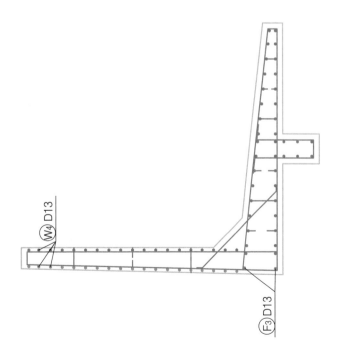

⑤ $F_3$과 $W_4$ 철근을 후
면에 배근한다.

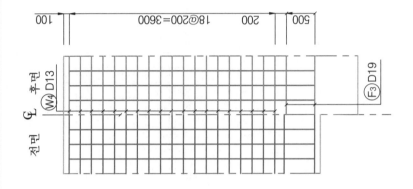

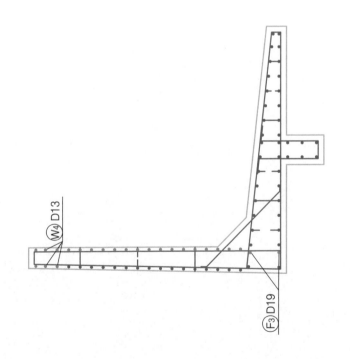

⑥ W3 철근을 배근한다.

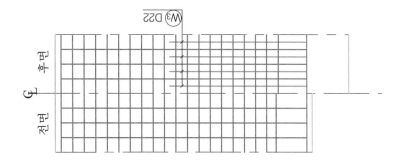

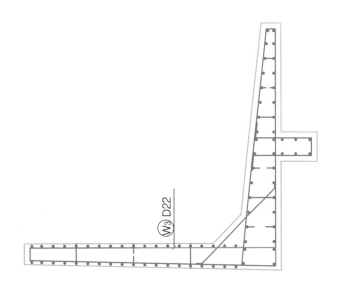

⑦ H 철근을 배근한다.

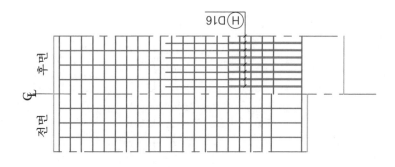

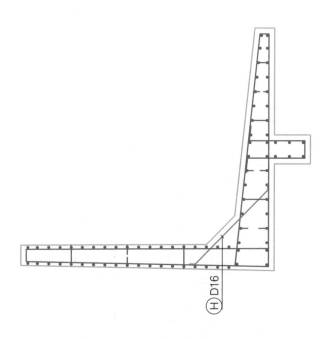

⑧ K1 철근을 배근한다.

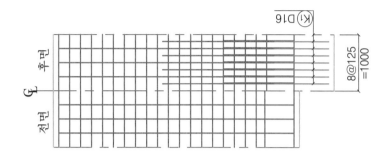

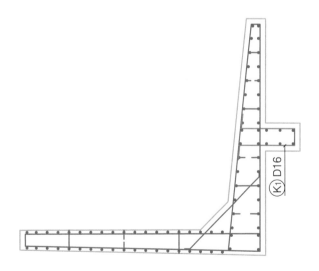

⑨ K2 철근을 배근한다.

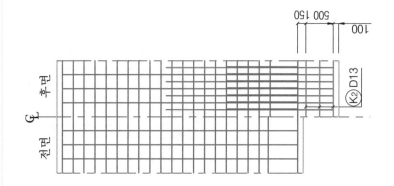

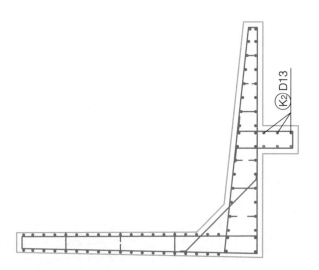

⑩ 스페이서 철근을 배
   근한다.

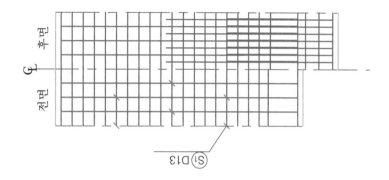

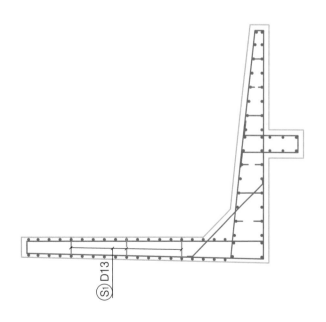

⑪ 벽체 철근 기호를 기입한다.

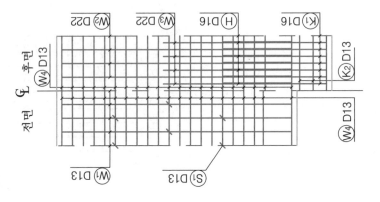

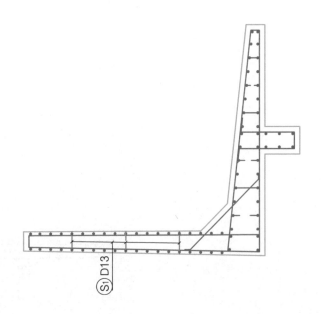

⑫ 벽체 치수를 기입한다.

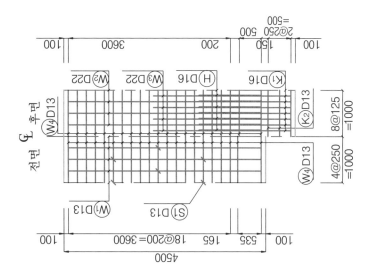

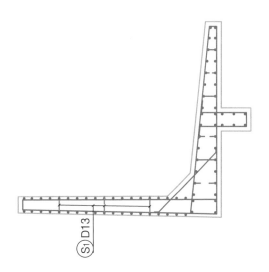

# 〈보충〉 확대한 정답도면

## 1) 단 면 도

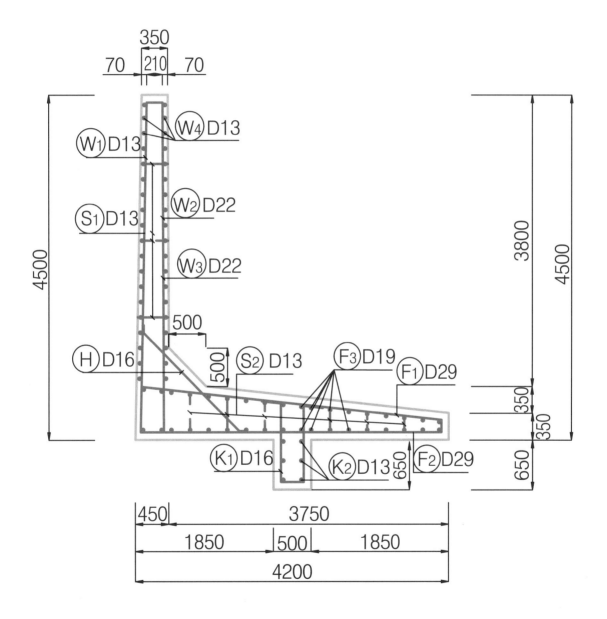

## 2) 저 판

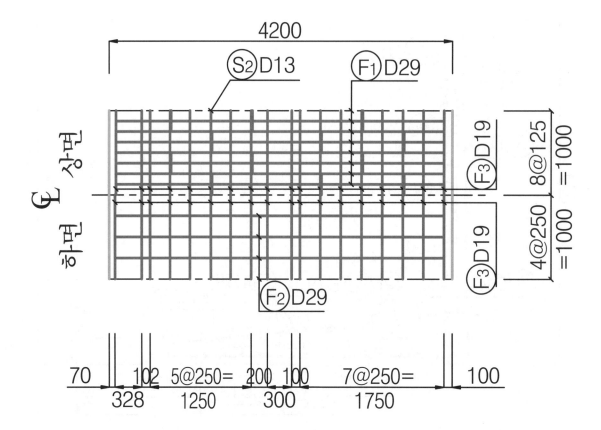

## 3) 벽 체

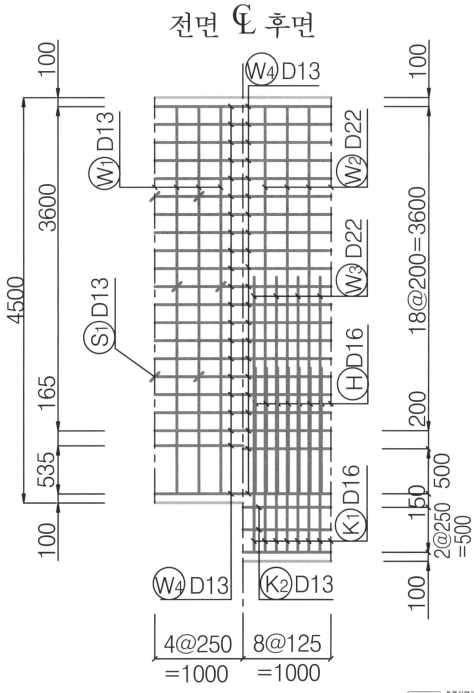

전면 ℄ 후면

memo

*Industrial Engineer Civil Engineering*

# Chapter 03

## 역 T형 옹벽

# Chapter 03  역 T형 옹벽

## 요구

주어진 도면과 작도조건 및 주의사항을 잘 읽고 주어진 모눈종이에 소요의 축척을 사용하여 도면을 완성하시오. (제한시간 : 3시간 40분)

### 1. 도면작도 조건

(1) 철근의 배근 간격

① $W_1$, $W_2$, $W_3$, $F_1$, $F_3$, $F_4$, $F_5$, 철근은 250mm 간격으로 배근한다.
② $W_4$ 철근은 각 200mm 간격으로 한다.
③ H, $F_2$, 철근은 125mm 간격으로 한다.

(2) 도면의 배치

주어진 옹벽구조도의 도면배치는 저판 배근도는 단면도를 중심으로 하부에, 벽체 배근도는 단면도를 중심으로 우측에, 그리고 일반도는 저판 배근도를 중심으로 우측에, 철근 상세도는 도면의 여백에 맞추어 적절히 배치한다.

(3) 도면의 축척

축척은 단면도를 1/40으로 작도하고 벽체, 저판 배근도를 단면도에 맞추어 1m씩 1/40로 작도하시오. 단, 일반도와 철근상세도는 도면의 여백에 적절히 배치한다.

### 2. 도면 작도시 주의사항

(1) 도면의 작도는 KS 토목제도통칙에 따른다.
(2) 도면의 상단에는 도면의 명칭과 각 부 도면의 명칭 및 축척을 도면의 크기에 알맞게 쓰시오.
(3) 철근 번호 및 철근 치수 등을 빠짐없이 도면에 표시하여야 한다.
(4) 제한시간 이내에 도면 작도가 끝나야 한다.
(5) 표제란은 도면 예와 같이 도면 우측 상단 모서리에 작도한다.

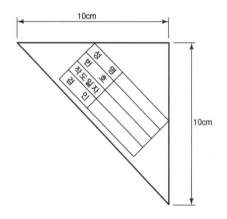

### 3. 시험시간

4시간 30분(물량산출 50분, 도면작도 3시간 40분)
연장시간 : 30분으로 한다.(도면작도에 한함)

역 T형 옹벽 작도 순서 ⇨ ⇨     Chapter 03

## 1. 외형 단면도 작도

① 벽체 전면을 작도한
   다.

② 저판 상면, 하면을 작
   도한다.

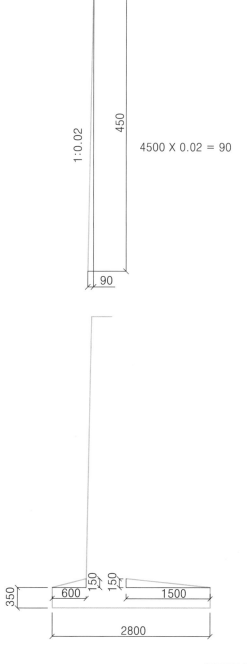

③ 헌치 부분과 벽체 후
  면을 작도한다.

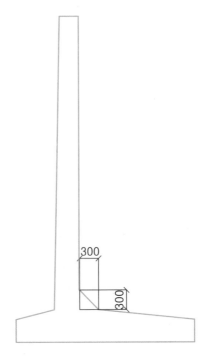

## 2. 주철근 배근 작도

① W1 철근을 작도한다.

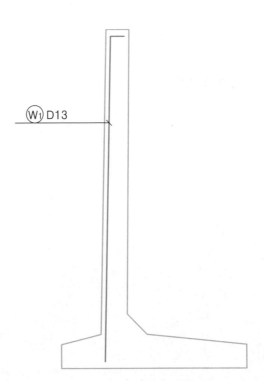

② W2 철근을 작도한다.

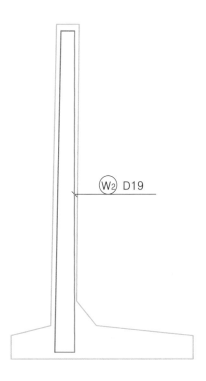

③ W3 철근을 작도한다.

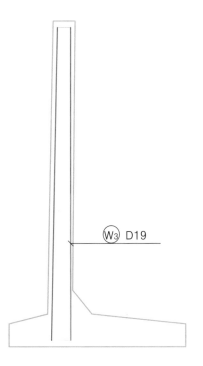

④ F1 철근을 작도한다.

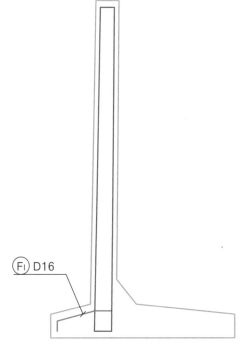

F1 D16

⑤ F2 철근을 작도한다.

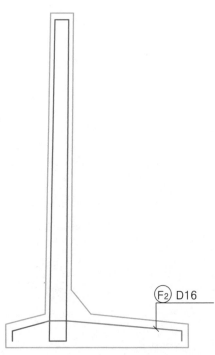

F2 D16

⑥ F3 철근을 작도한다.

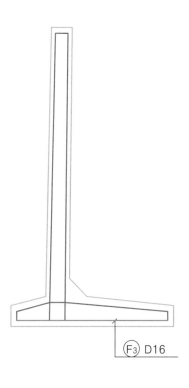

⑦ H 헌치를 작도한다.

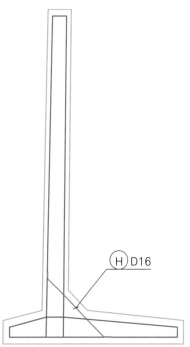

## 3. 점철근 배근 작도

① W4 철근을 작도한다.

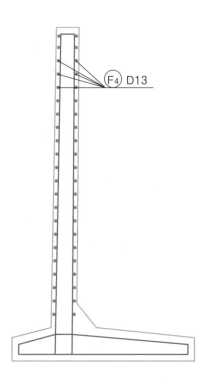

② F5 철근을 작도한다.

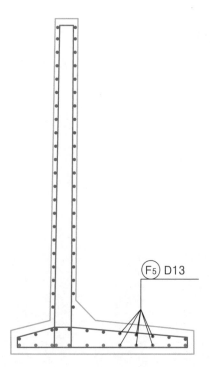

# 4. 스페이서 철근 작도

① S1 철근을 작도한다.

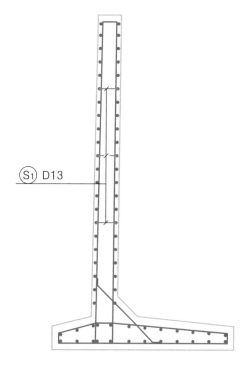

$S_1$ D13

② S2 철근을 작도한다.

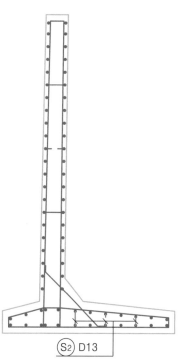

$S_2$ D13

## 5. 치수 기입

① 외형도 치수를 기입
한다.

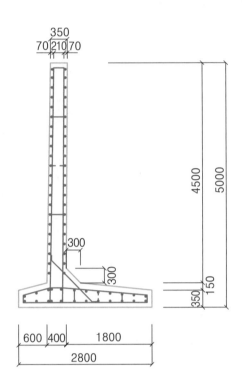

② 철근기호를 기입한다.

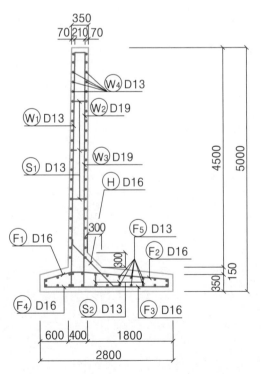

## 6. 벽체 작도

① 전면, 후면 1m를 작
도한다.

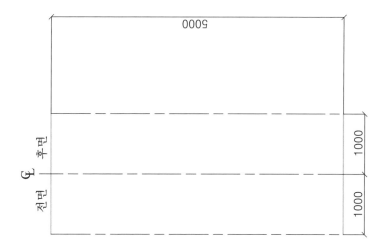

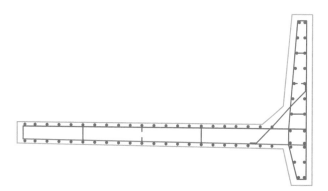

② W1 철근을 작도한다.

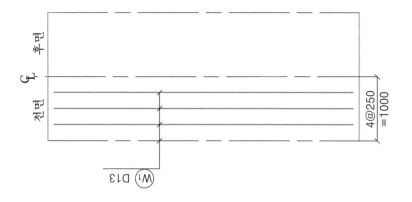

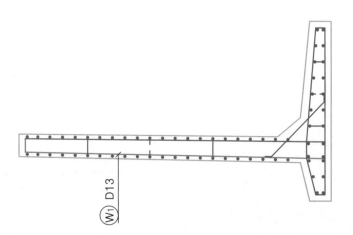

③ W₂ 철근을 작도한다.

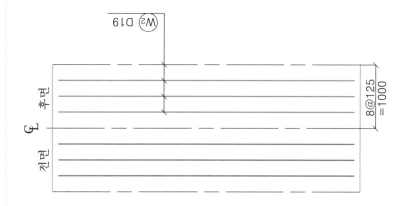

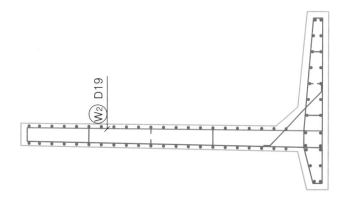

④ W4 철근을 전면, 후면에 작도한다.

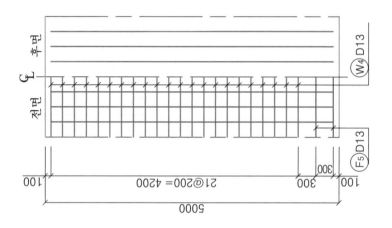

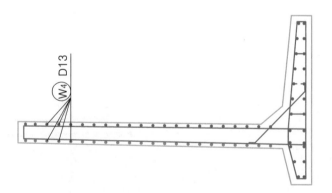

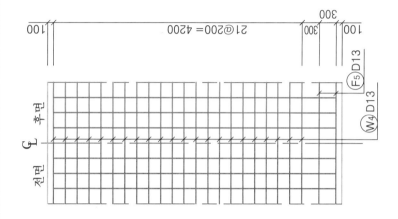

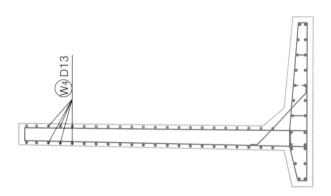

⑤ W3 철근을 작도한다.

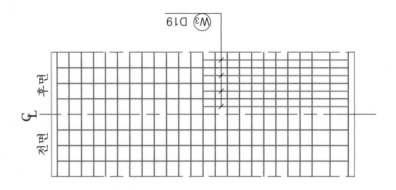

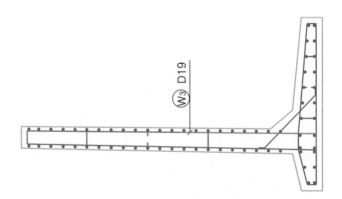

⑥ 헌치 철근을 작도한
   다.

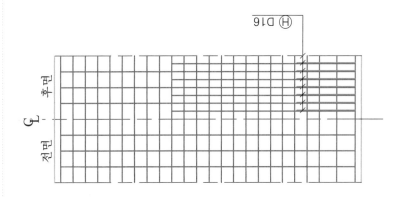

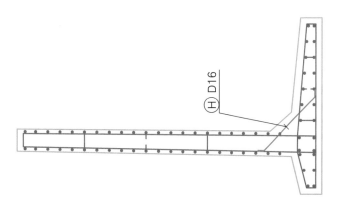

⑦ 스페이서 철근 $S_1$을 작도한다.

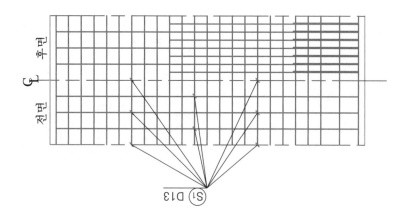

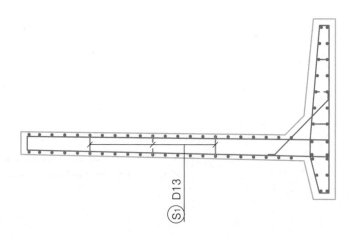

⑧ 벽체 치수를 기입한다.

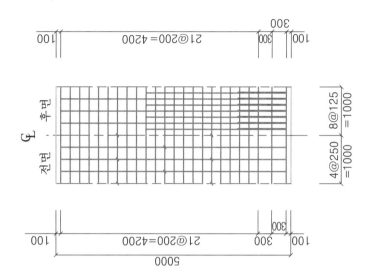

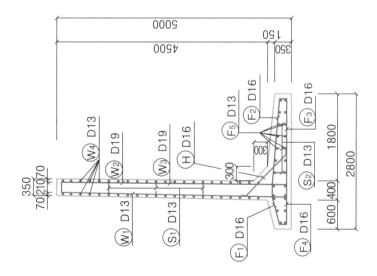

⑨ 철근 기호를 기입한다.

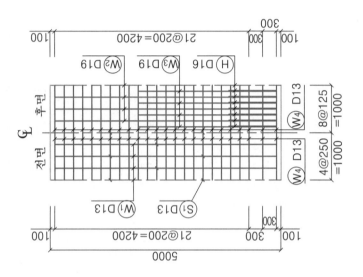

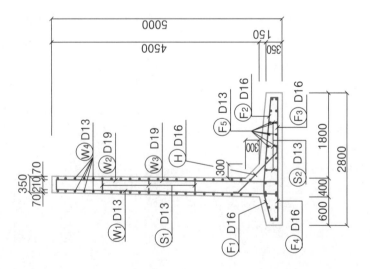

## 7. 저판 작도

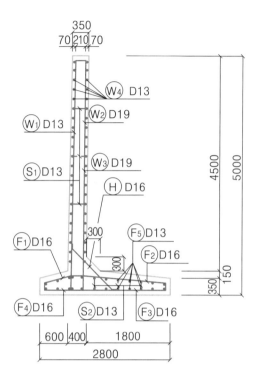

① 상면, 하면 길이 1m
　를 작도한다.

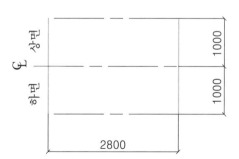

② F1 철근을 작도한다.

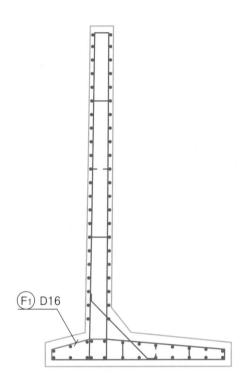

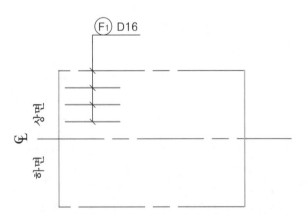

③ F2 철근을 작도한다.

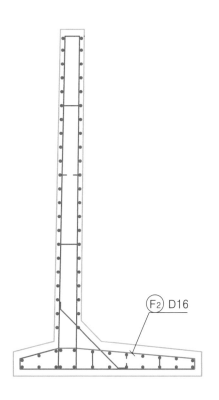

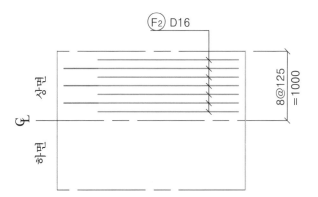

④ F3 철근을 작도한다.

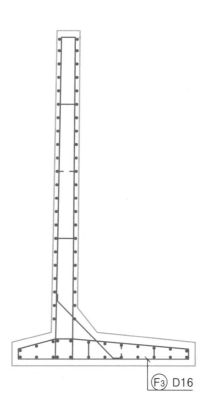

(F3) D16

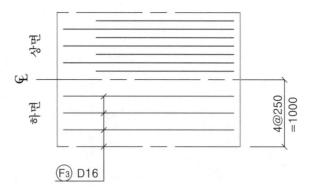

(F3) D16

⑤ F4 철근을 작도한다.

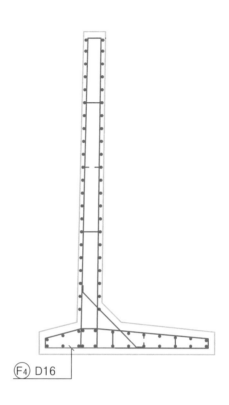

(F4) D16

(F4) D16

⑥ 상면에 F5 철근을 작
도한다.

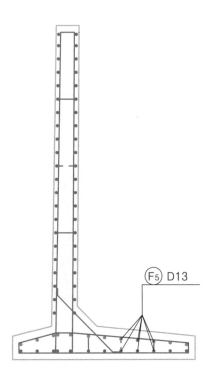

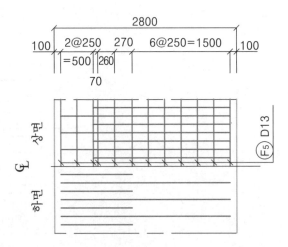

⑦ 하면에 F5 철근을 작
　도한다.

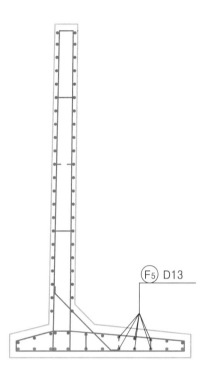

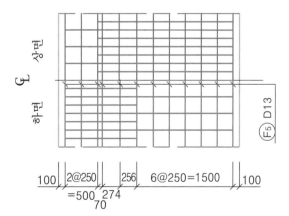

⑧ 스페이서 철근를 S2
  작도한다.

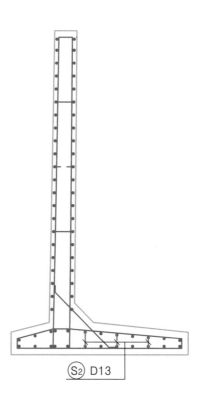

$S_2$ D13

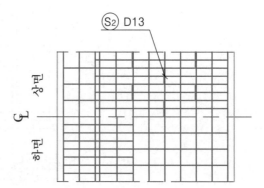

$S_2$ D13

상면

3

하면

⑨ 저판 치수를 기입한다.

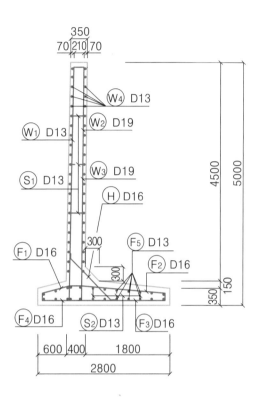

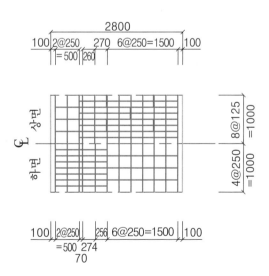

⑩ 철근 기호를 기입한다.

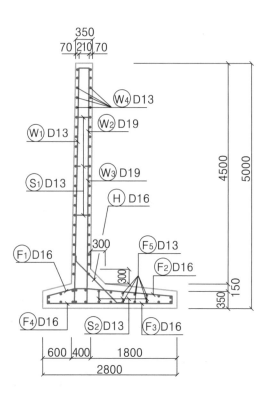

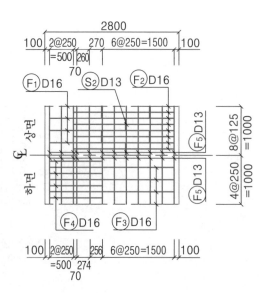

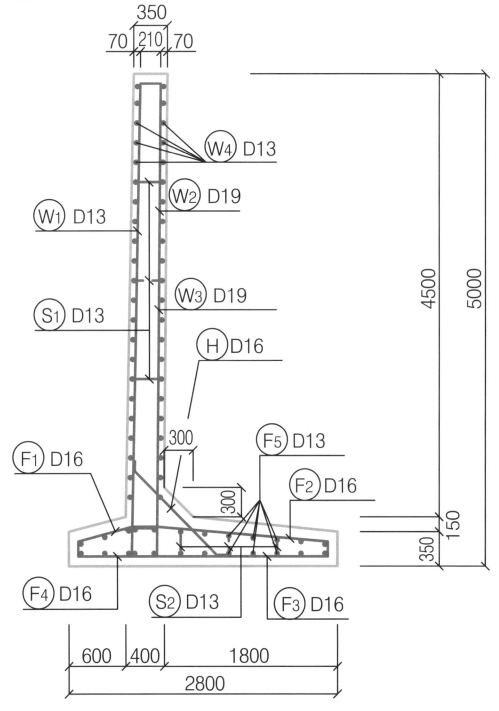

# 〈보충〉 확대한 정답도면

## 1) 단 면 도

## 2) 저 판

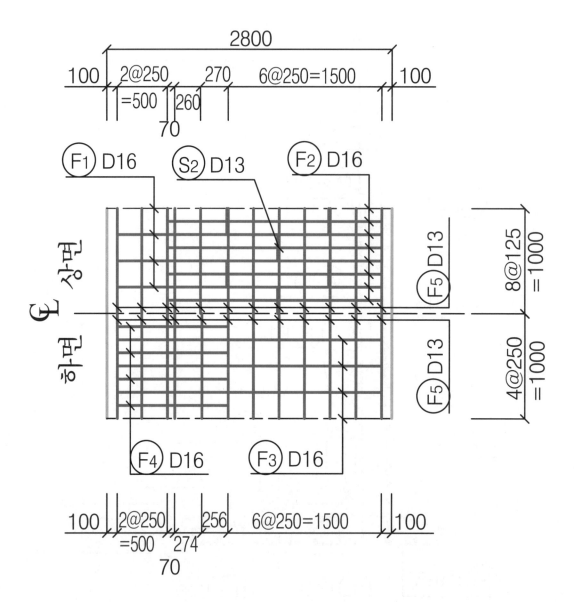

## 3) 벽 체

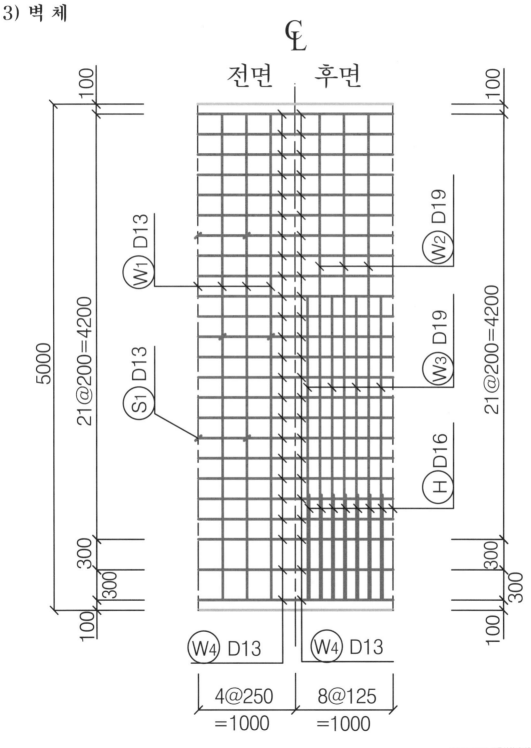

memo

Industrial Engineer Civil Engineering
# Chapter 04
## 역 T형 옹벽 (활동방지벽)

# Chapter 04 역 T형 옹벽 (활동방지벽)

## 요 구

주어진 도면과 작도조건 및 주의사항을 잘 읽고 주어진 모눈종이에 소요의 축척을 사용하여 도면을 완성하시오.

## 1. 도면작도 조건

### (1) 철근의 배근 간격

① $W_1$, $W_2$, $W_3$, $F_4$, $F_3$, $F_1$, $K_2$ 철근은 250mm 간격으로 배근한다.

② $W_4$ 철근 간격은 200mm 간격으로 한다.

③ $H$, $F_2$, $K_1$ 철근 간격은 125mm로 한다.

### (2) 도면의 배치

주어진 옹벽구조도의 도면배치는 저판 배근도는 단면도를 중심으로 하부에 배치하고 벽체 배근도는 단면도를 중심으로 우측에 배치하고 일반도는 저판 배근도 우측에 각각 작도하고 철근 상세도는 적절히 배치한다.

### (3) 도면의 축척

축척은 단면도를 1/40로 작도하고 벽체 저판 배근도를 단면도에 맞추어 1m씩 1/40로 작도하시오. 단, 일반도와 철근 상세도는 도면의 여백에 적절히 배치한다.

## 역 T형 옹벽 (활동방지벽) 작도 순서 ⇨ ⇨　Chapter 04

### 1. 외형단면도 작도

① 벽체 전면을 작도한다.

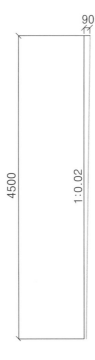

② 저판 상면을 작도한다.

③ 저판 하면을 작도한다.

④ 저판 상면을 작도한다.

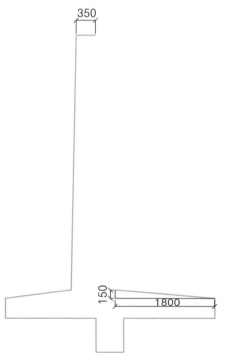

⑤ 헌치를 작도한다.

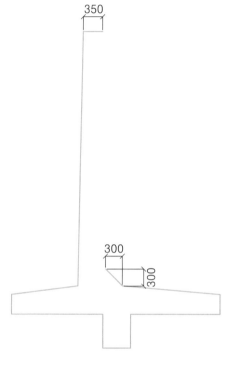

⑥ 벽체 후면을 작도한다.

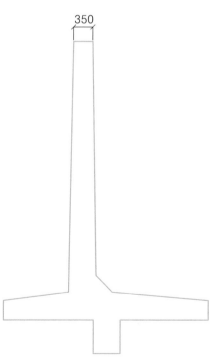

## 2. 주철근 배근 작도

① W1 철근을 작도한다.

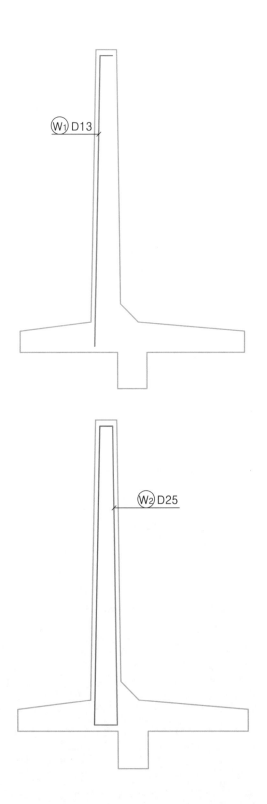

② W2 철근을 작도한다.

③ W₃ 철근을 작도한다.

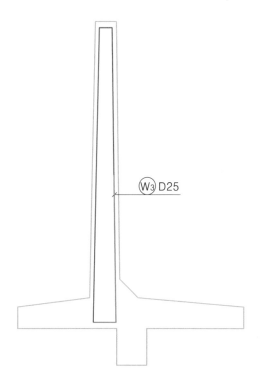

④ F₁ 철근을 작도한다.

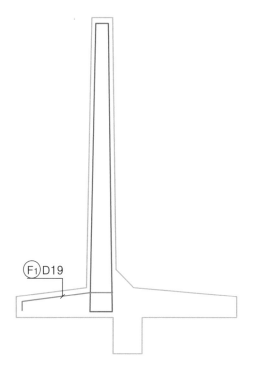

⑤ F2 철근을 작도한다.

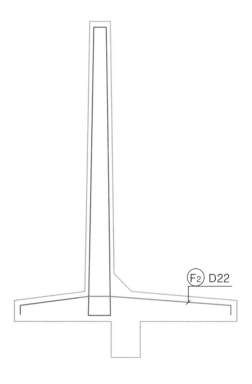

$F_2$ D22

⑥ F3 철근을 작도한다.

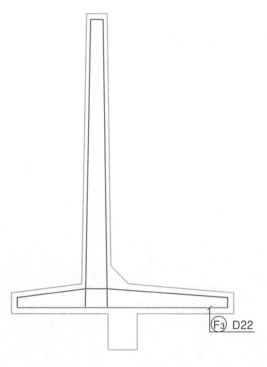

$F_3$ D22

⑦ F4 철근을 작도한다.

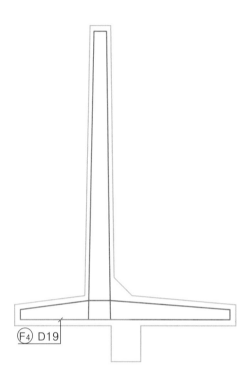

⑧ K1 철근을 작도한다.

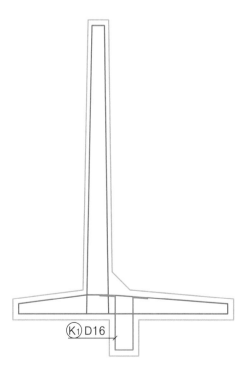

⑨ H 철근을 작도한다.

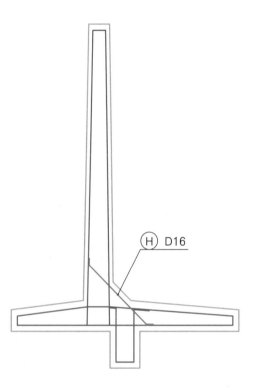

## 3. 점철근 배근 작도

① W4 철근을 작도한다.

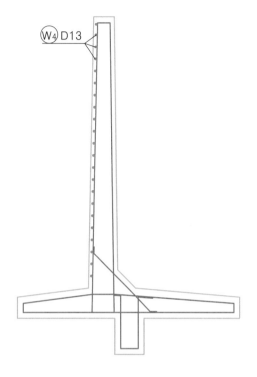

② W5 철근을 작도한다.

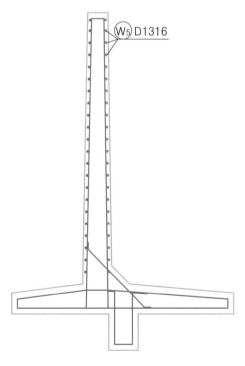

③ F5 철근을 작도한다.

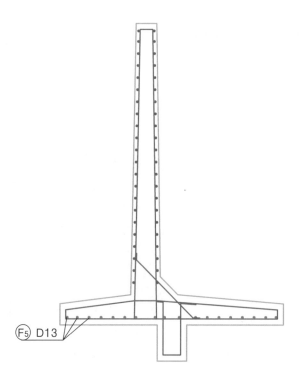

④ F6 철근을 작도한다.

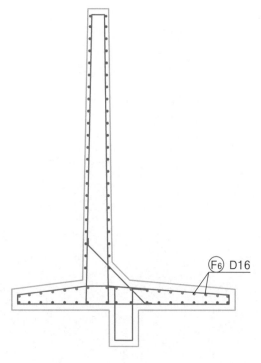

⑤ K2 철근을 작도한다.

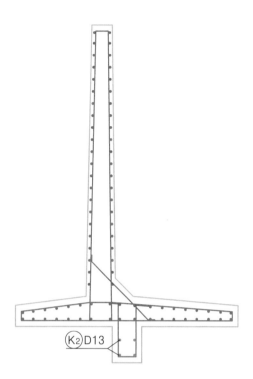

⑥ 스페이서 철근 S1을
　작도한다.

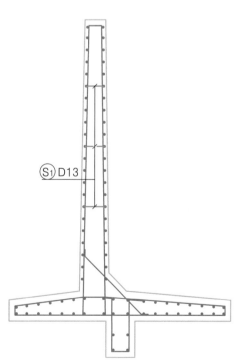

⑦ 스페이서 철근 S₂를
작도한다.

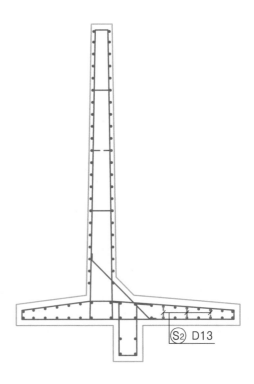

⑧ 스페이서 철근 S₃를
작도한다.

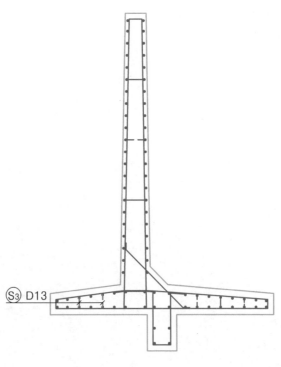

⑨ 외형도 치수를 기입
한다.

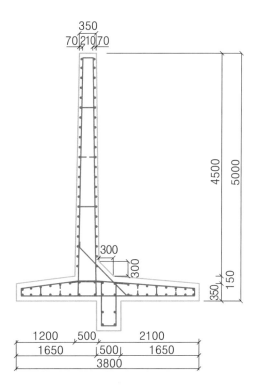

⑩ 철근 기호를 기입한다.

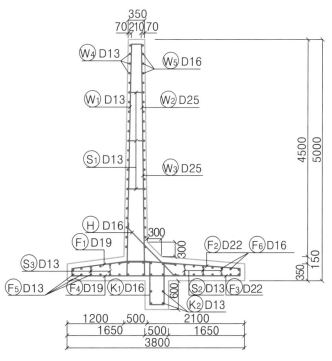

## 4. 벽체 작도

① 벽체 전면, 후면에 길이 1m를 작도한다.

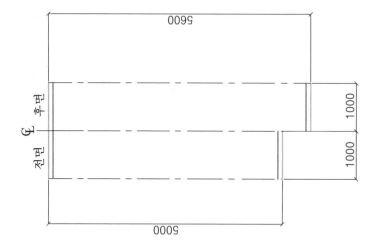

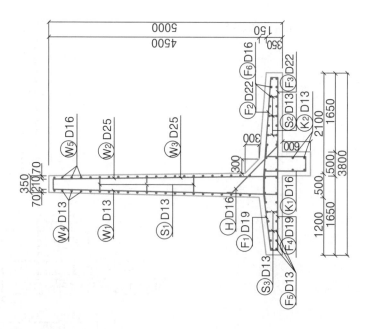

② W1 철근을 작도한다.

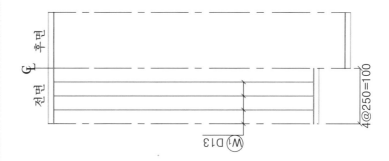

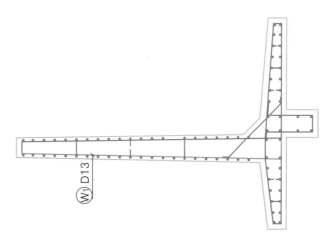

③ W₂ 철근을 작도한다.

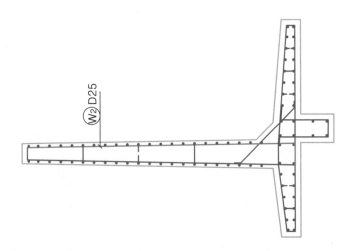

④ W4 철근을 작도한다.

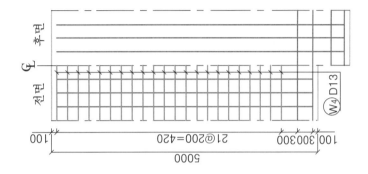

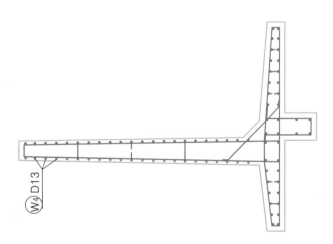

⑤ W5 철근을 작도한다.

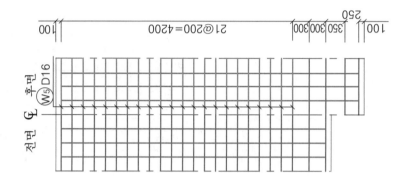

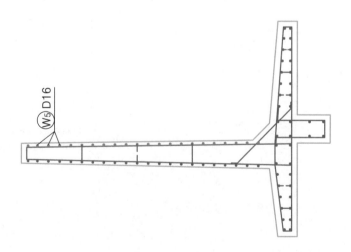

⑥ W3 철근을 작도한다.

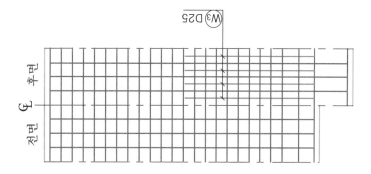

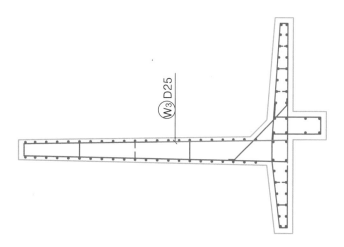

⑦ H 헌치를 작도한다.

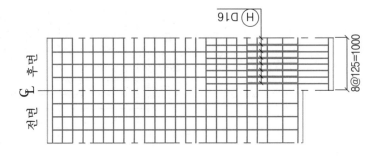

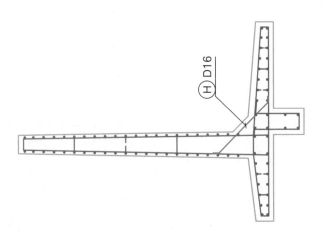

⑧ K1 철근을 작도한다.

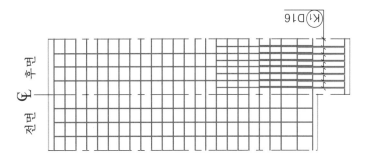

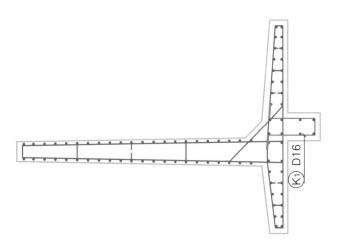

⑨ K2 철근을 작도한다.

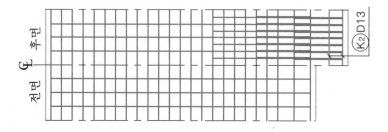

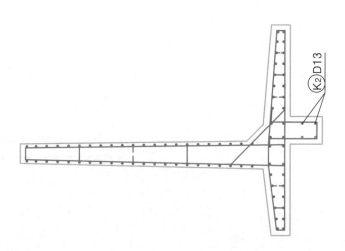

⑩ 스페이서 철근 S1을
　작도한다.

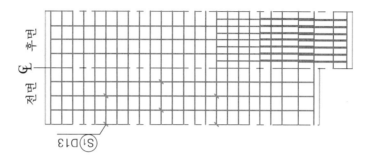

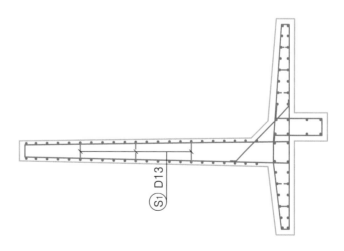

⑪ 저판 치수를 기입한다.

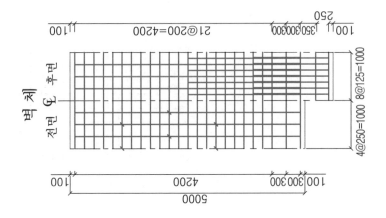

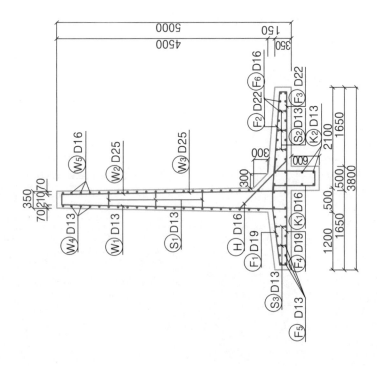

⑫ 철근 기호를 기입한다.

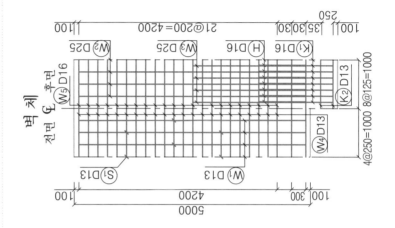

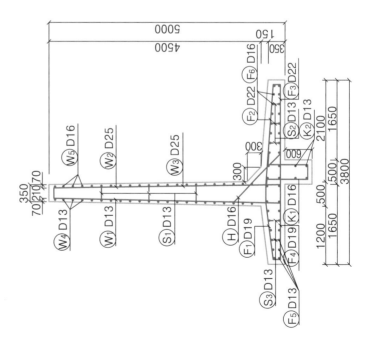

## 5. 저판 작도

① 저판 상면, 하면에 길이 1m를 작도한다.

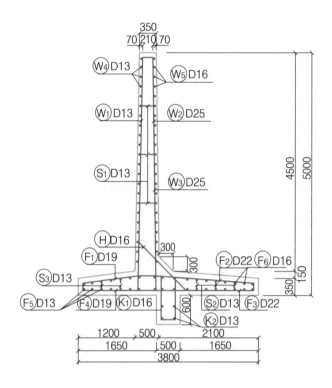

② F1 철근을 작도한다.

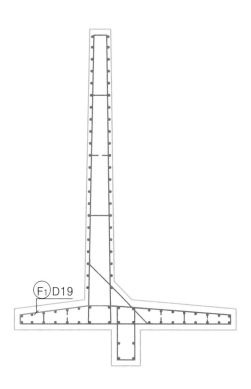

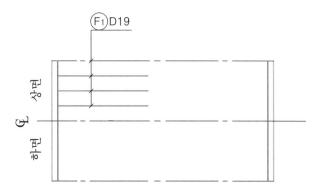

③ F2 철근을 작도한다.

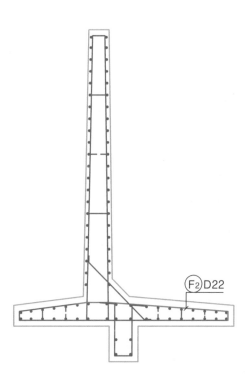

$F_2$ D22

$F_2$ D22

8@125=1000

상면

$C_L$

하면

④ F3 철근을 작도한다.

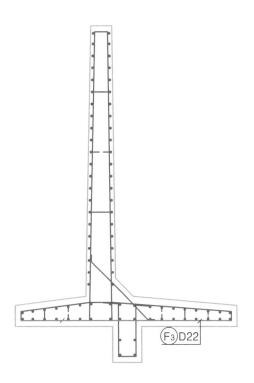

⑤ F4 철근을 작도한다.

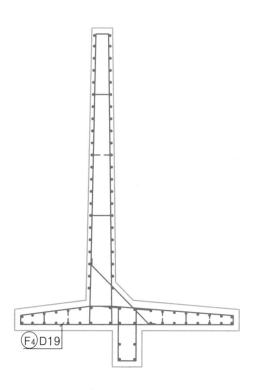

F4 D19

하면 ℄ 상면

4@250=1000

F4 D19

⑥ F6 철근을 작도한다.

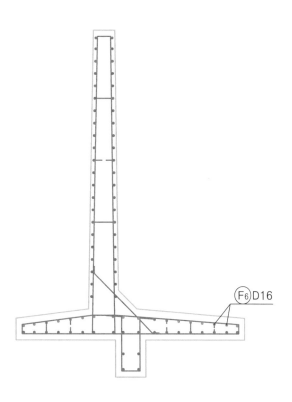

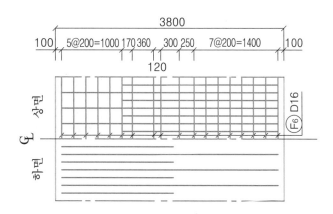

⑦ F5 철근을 작도한다.

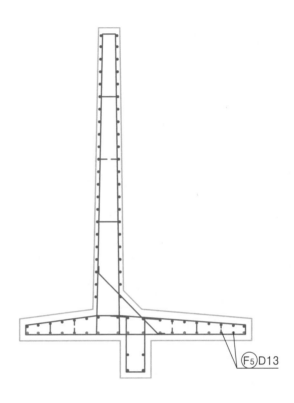

(F5) D13

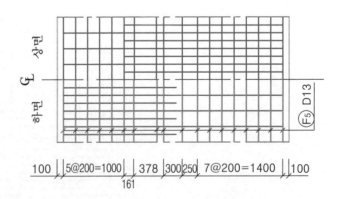

100 5@200=1000 378 300 250 7@200=1400 100
161

⑧ 스페이서 철근 S₂를
　 작도한다.

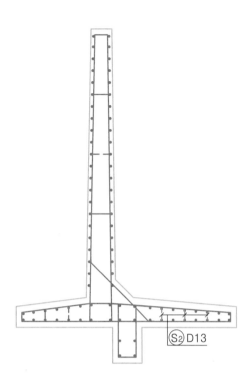

$(S_2)$ D13

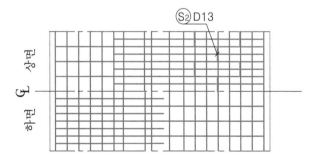

$(S_2)$ D13

상면

$C_L$

하면

⑨ 스페이서 철근 S₃를
작도한다.

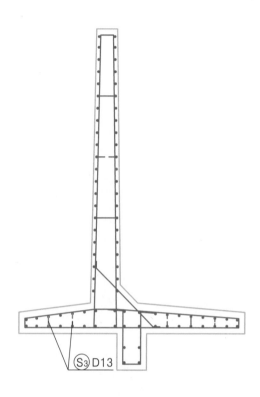

(S₃) D13

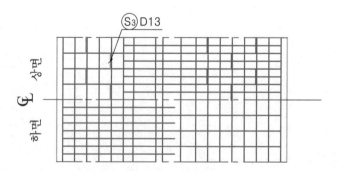

(S₃) D13

⑩ 저판 치수를 기입한다.

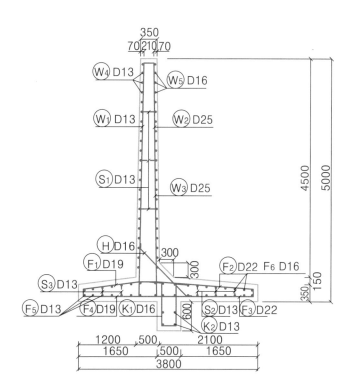

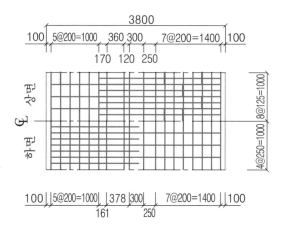

⑪ 저판 철근 기호를 기
   입한다.

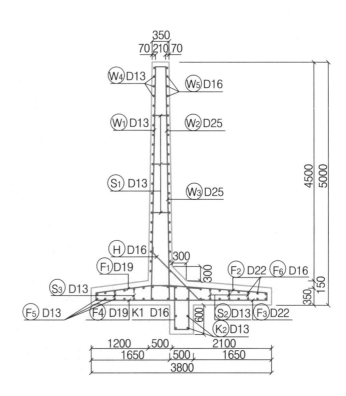

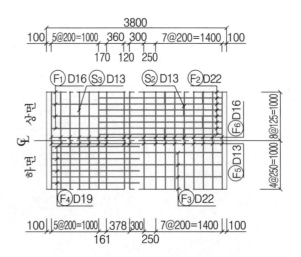

# 〈보충〉 확대한 정답도면

## 1) 단 면 도

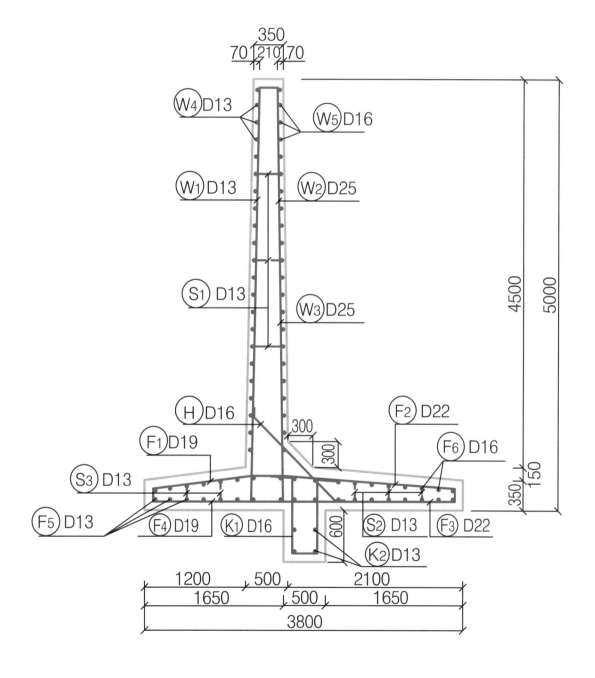

## 2) 저 판

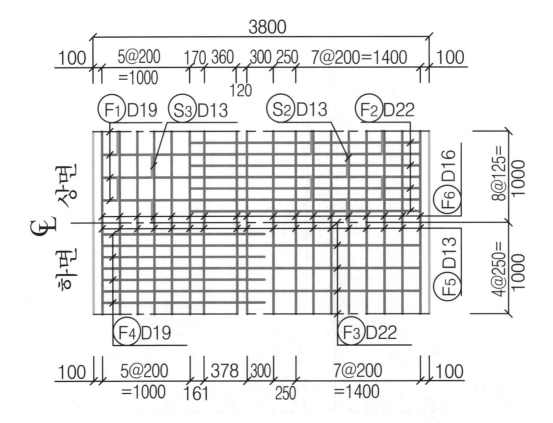

## 3) 벽 체

전면 C<sub>L</sub> 후면

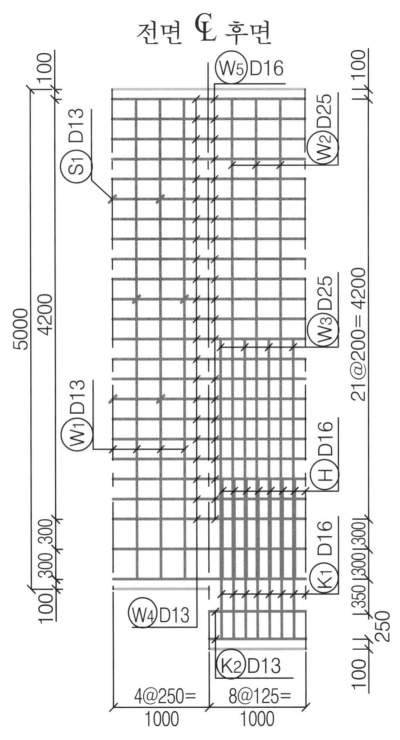

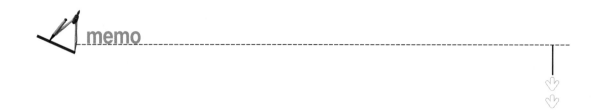

*Industrial Engineer Civil Engineering*

# Chapter 05

## 선반식 옹벽

# Chapter 05 선반식 옹벽

 요 구

주어진 문제도면과 아래 조건에 따라 요구도면을 작도하시오.

## 1. 도면작도 조건

### (1) 철근의 간격

① $W_1$, $W_4$, H, $K_1$, $K_2$, $K_3$, $K_4$, $F_1$, $F_2$, $F_3$ 철근은 각각 200mm 간격으로 배근한다.

② $W_2$, $W_3$ 철근은 각각 400mm 간격으로 배근한다.

③ $S_1$, $S_2$ 철근은 지그재그(Zigzag)로 배근한다.

### (2) 도면의 배치

① 단면도를 기준으로 하부에 선반 배근도와 저판 배근도를 배치하는데, 선반 배근도가 저판 배근도 위에 위치하도록 작도하고, 우측에 벽체 배근도, 벽체 배근도 아랫부분에 일반도를 작도하고 철근 상세도는 적절히 배치 작도한다.

② 선반 배근도와 저판 배근도는 상하면을 구분하고, 벽체 배근도는 전후면을 구분하여 1m씩만 작도한다.

③ $S_1$ 철근은 벽체 전면에만 표시하고, $S_2$ 철근은 저판 상면에만 표시한다.

### (3) 도면의 축척

단면도, 선반 배근도, 저판 배근도, 벽체 배근도, 철근 상세도는 축척 1/50로 작도하고, 일반도는 축척 1/100로 작도한다.

## 선반식 옹벽 작도 순서 ⇒ ⇒

### 1. 외형 단면도 작도

① 벽체 전면과 저판 상
면을 작도한다.

② 벽체 후면과 선반 상
하면을 작도한다.

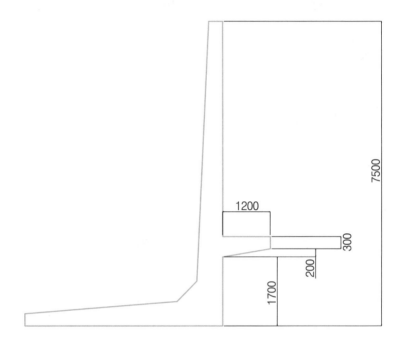

## 2. 주철근 배근 작도

① W1을 작도한다.

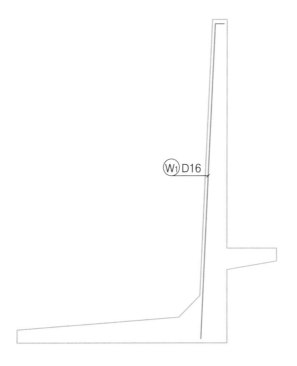

② W2를 작도한다.

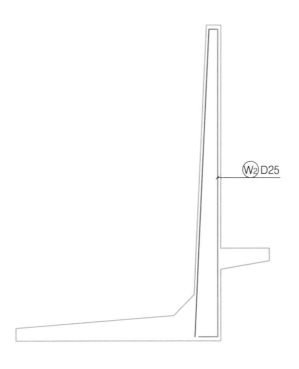

③ W3를 작도한다.

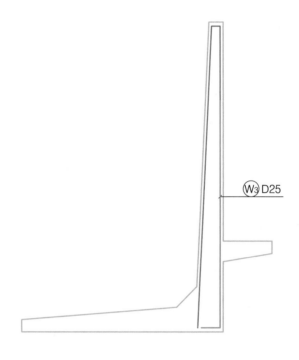

④ W4를 작도한다.

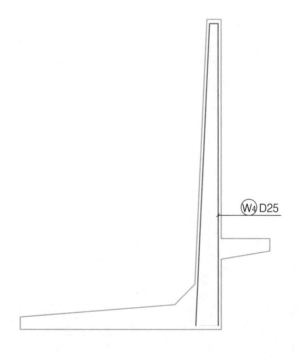

⑤ F1을 작도한다.

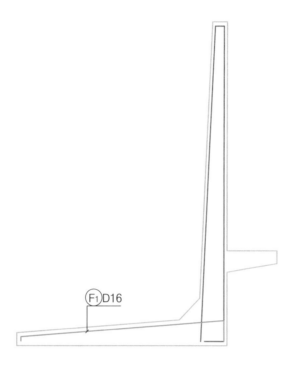

⑥ F2를 작도한다.

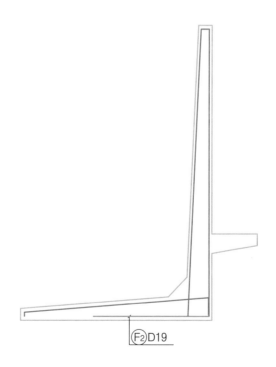

⑦ F3 철근을 작도한다.

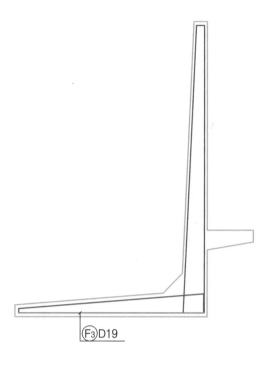

⑧ 헌치 H를 작도한다.

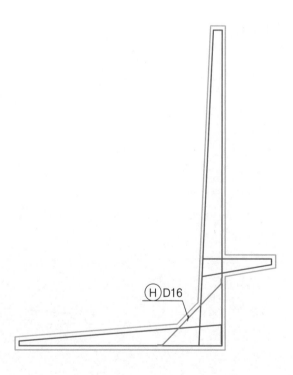

⑨ K1 철근을 배근한다.

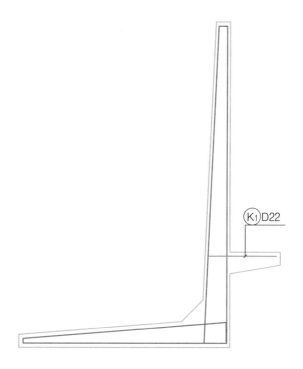

⑩ K2 철근을 배근한다.

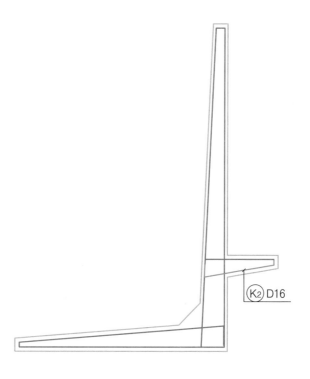

## 3. 점철근 배근 작도

① W5 철근을 배근한다.

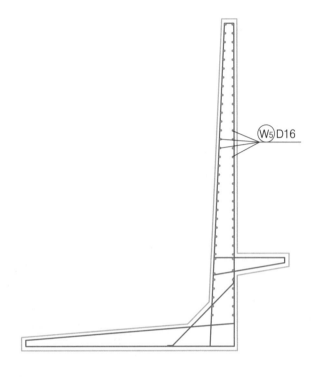

② F4 철근을 상면에 배근한다.

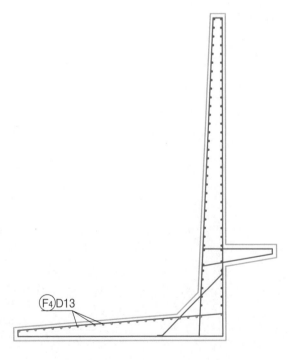

③ F5 철근을 하면에 배
　근한다.

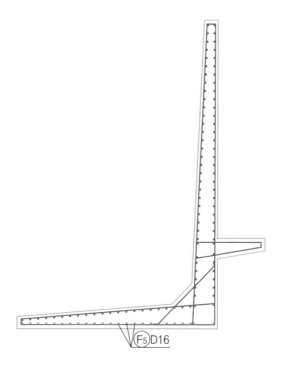

④ K3 철근을 배근한다.

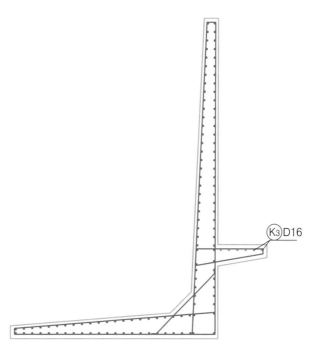

⑤ K4 철근을 작도한다.

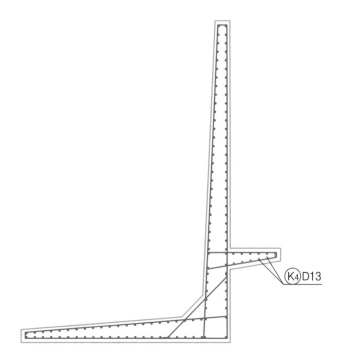

(K4)D13

# 4. 스페이서 철근 작도

① S₁ 철근을 작도한다.

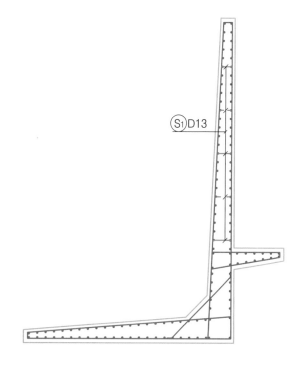

② S₂ 철근을 작도한다.

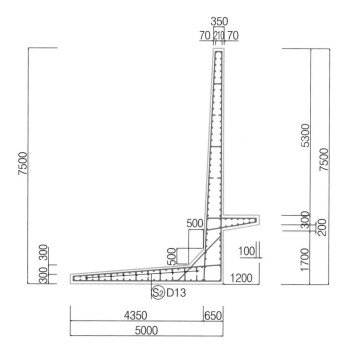

③ 단면도 치수와 철근 기호를 기입한다.

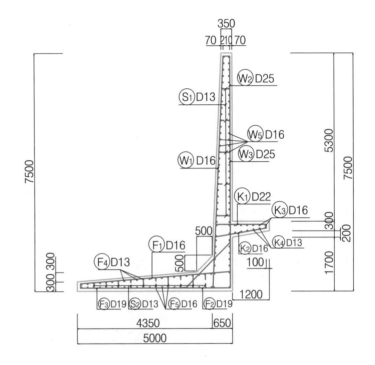

## 5. 벽체 작도

① 상면, 하면 길이 1m 를 작도한다.

② W1 철근을 작도한다.

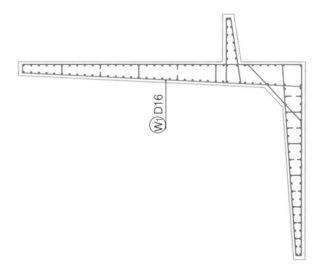

③ W₂ 철근을 작도한다.

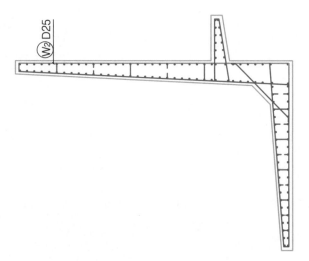

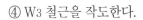

④ W3 철근을 작도한다.

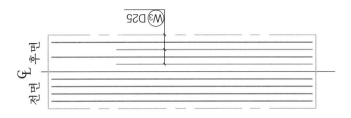

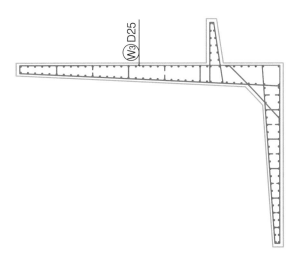

⑤ W4 철근을 작도한다.

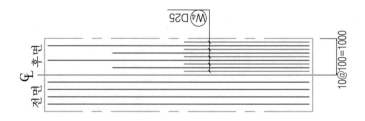

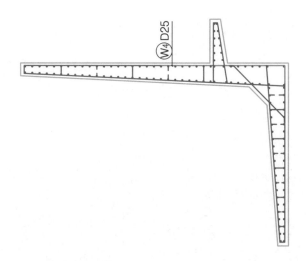

⑥ W5 철근을 전면에
작도한다.

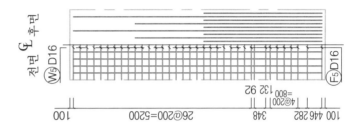

전면 ℄ 후면

(W5) D16

(F5) D16

100 446 282 348 26@200=5200 100

4@200
=800

132 92

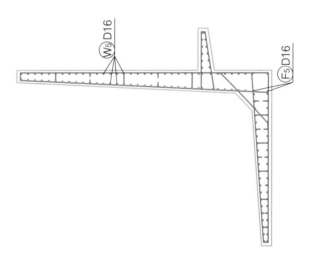

(W5) D16

(F5) D16

⑦ W5 철근을 후면에 작도한다.

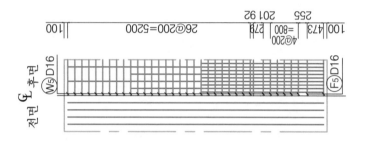

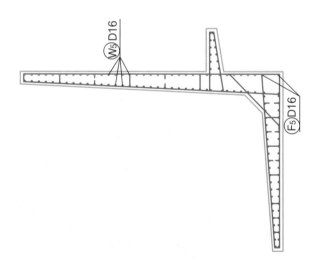

⑧ H 헌치 철근을 작도
한다.

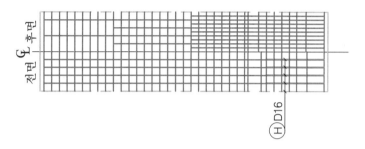

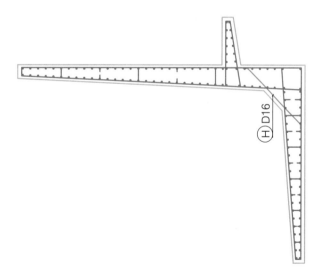

# 6. 스페이서 철근 작도

① S1 철근을 작도한다.

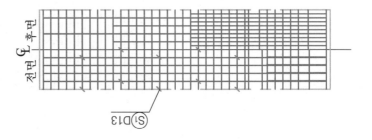

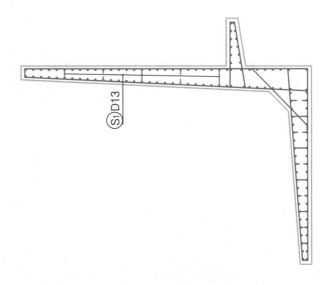

② 벽체 철근 간격을 기
  입한다.

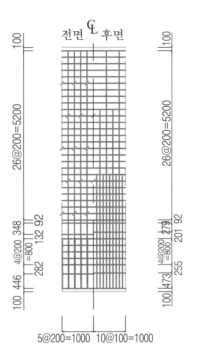

③ 벽체 철근 기호를 기
  입한다.

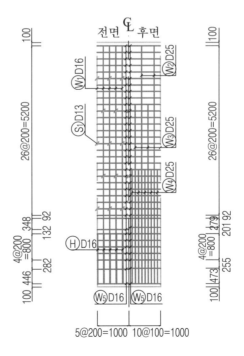

## 7. 선반 작도

① 상면, 하면 길이 1m
를 작도한다.

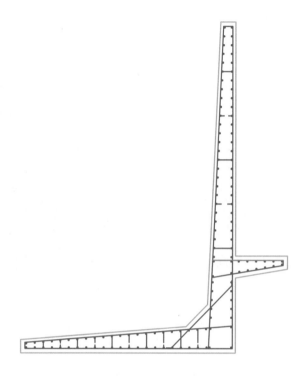

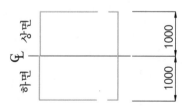

② K₁ 철근을 작도한다.

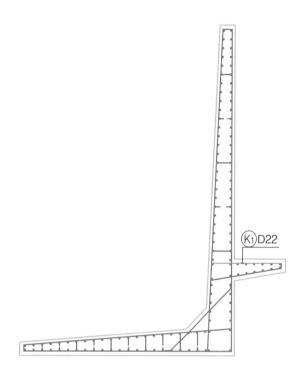

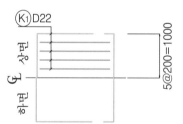

③ K2 철근을 작도한다.

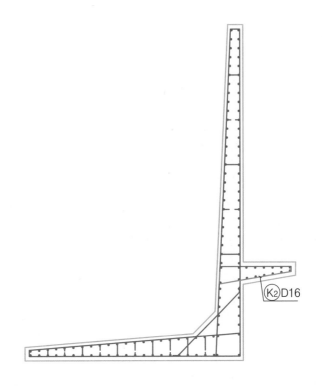

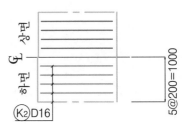

④ K3 철근을 작도한다.

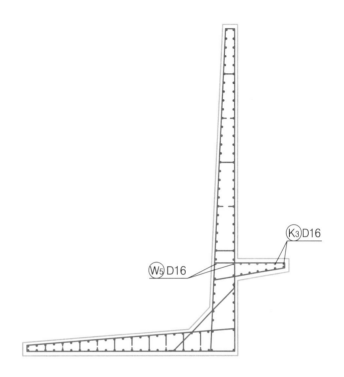

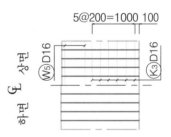

⑤ K4 철근을 작도한다.

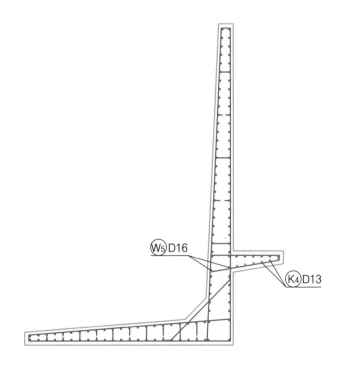

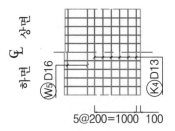

⑥ 선반의 치수를 기입
한다.

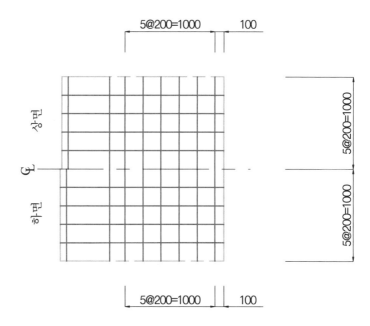

⑦ 철근 기호를 기입한다.

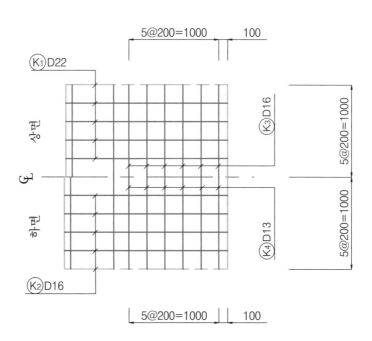

## 8. 저판 작도

① 상면, 하면 길이 1m 를 작도한다.

② F1 철근을 작도한다.

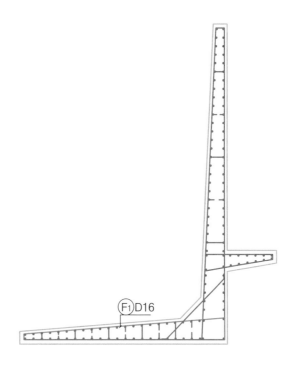

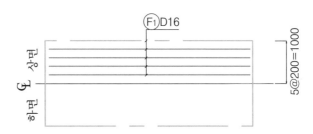

③ F3 철근을 작도한다.

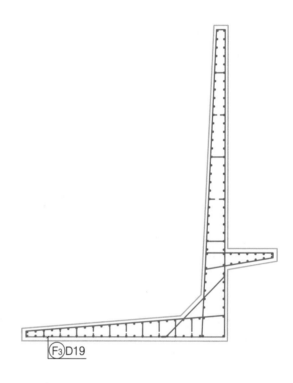

(F₃)D19

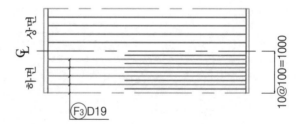

(F₃)D19

④ F4, F2 철근을 작도
　한다.

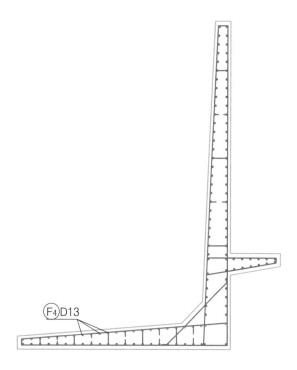

F4 D13

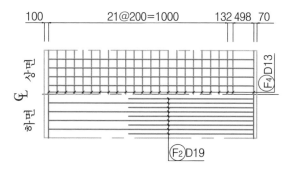

100　　　　21@200=1000　　　132 498 70

상판

F4 D13

하판

F2 D19

⑤ F5 철근을 작도한다.

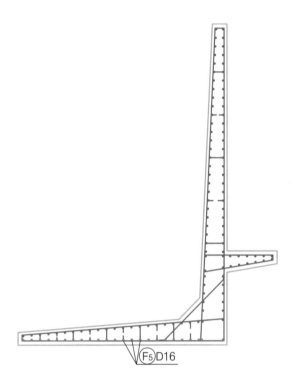

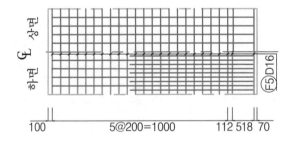

⑥ 스페이서 철근을 작
　도한다.

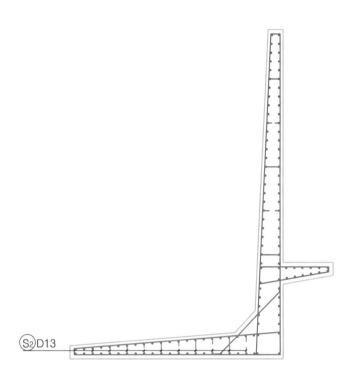

(S₂) D13

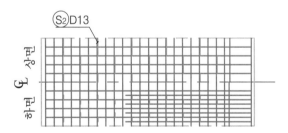

(S₂) D13

⑦ 저판의 철근 간격을
   기입한다.

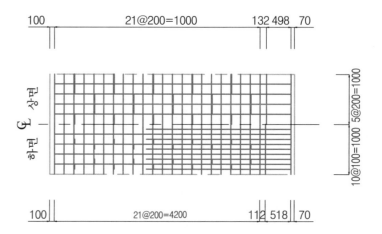

⑧ 저판의 철근기호를
   기입한다.

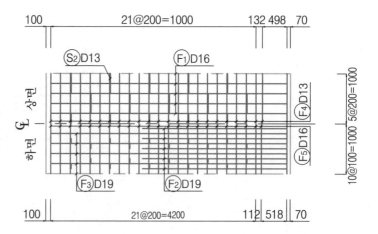

# 〈보충〉 확대한 정답도면

## 1) 단면도

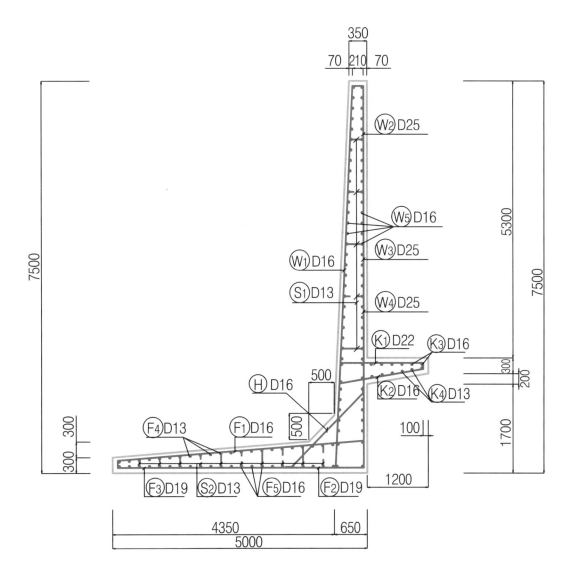

## 2) 선 반

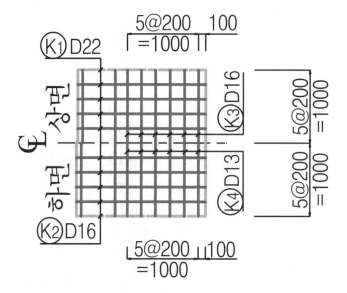

## 3) 저 판

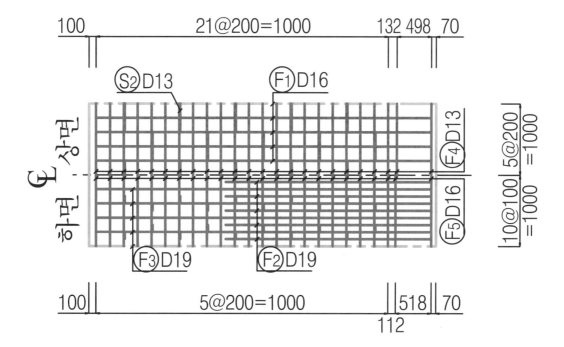

## 4) 벽 체

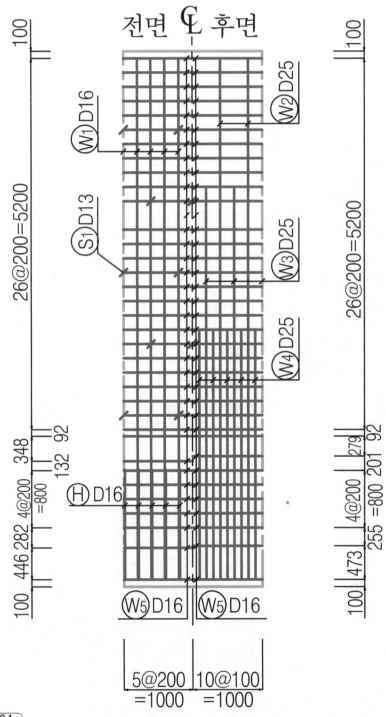

*Industrial Engineer Civil Engineering*

# Chapter 06

## 앞 부벽식 용벽

# Chapter 06  앞 부벽식 옹벽

## 요 구

주어진 도면과 작도조건 및 주의사항을 잘 읽고 주어진 모눈종이에 소요의 축척을 사용하여 도면을 완성하시오.

## 1. 도면작도 조건

### (1) 철근의 간격

① $K_2$, $F_5$ 철근은 250mm 간격으로 배근한다.

② $K_1$ 철근은 175mm 간격으로 배근한다.

③ $F_4$ 철근은 500mm 간격으로 배근한다.

④ $S_1$ 철근은 한 칸 건너 배근한다.(1,000mm 간격)

### (2) 도면의 배치

① 벽체 배근도는 단면도를 중심으로 우측에 배치한다.

② 저판 배근도는 우측 벽체 배근도 하부에 배치한다.

③ 부벽 배근도는 우측 벽체 배근도 우측에 배치한다.

④ 나머지 도면은 적절히 배치한다.

### (3) 도면의 축척

① 주어진 앞부벽식 옹벽 단면도를 축척 1/50로 작도하고

② 단면도에 맞추어 벽체의 정면과 후면 저판의 상면과 하면 배근도를 축척 1/50로 각 3.5m만 작도하시오.

③ 주어진 도면의 일반도, 부벽 배근도, 철근 상세도를 축척 1/50로 작도하시오.

## 앞 부벽식 옹벽 작도 순서 ⇨ ⇨                    Chapter 06

### 1. 외형 단면도 작도

① 벽체 전면, 후면을 작도한다.

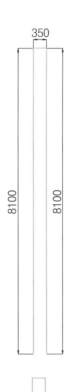

② 헌치 부분을 작도한다.

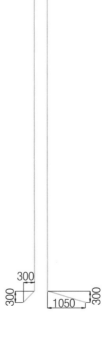

③ 저판 상면을 작도한다.

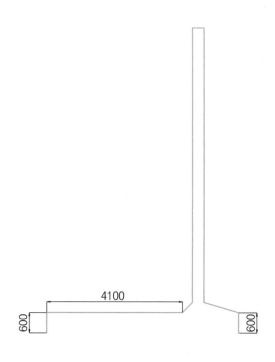

④ 저판 하면을 작도한다.

⑤ Key 부분을 작도한다.

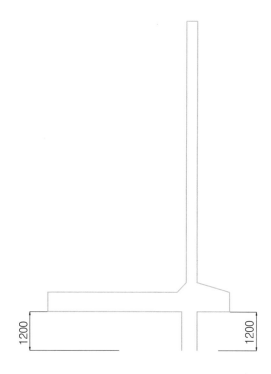

⑥ 부벽을 작도한다.

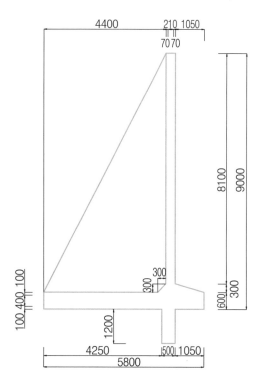

## 2. 주철근 배근 작도

① W1을 작도한다.

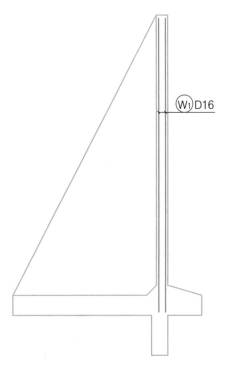

② F3 철근을 작도한다.

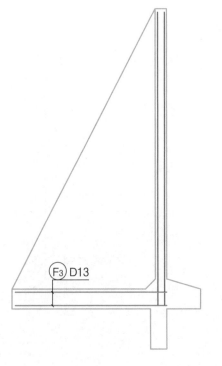

③ F5 철근을 작도한다.

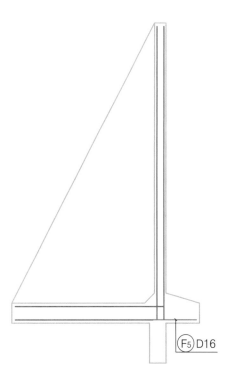

④ F4 철근을 작도한다.

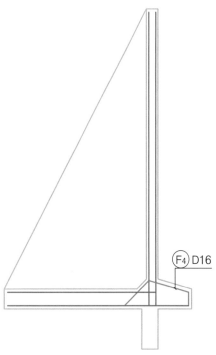

⑤ K₁ 철근을 작도한다.

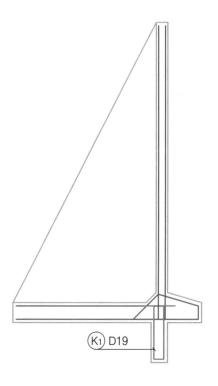

(K₁) D19

## 3. 점철근 배근 작도

① W₂ 철근을 작도한다.

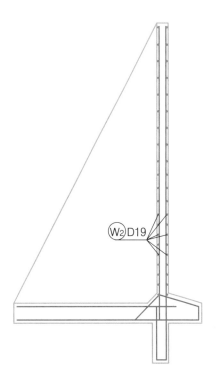

② W₃ 철근을 작도한다.

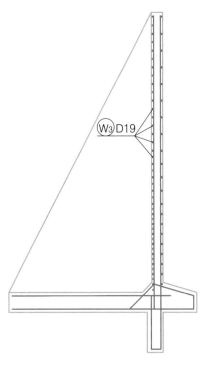

③ F1 철근을 작도한다.

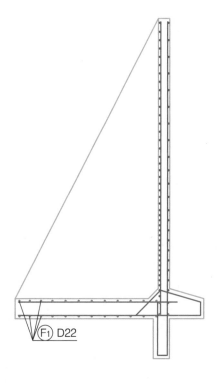

④ F2 철근을 작도한다.

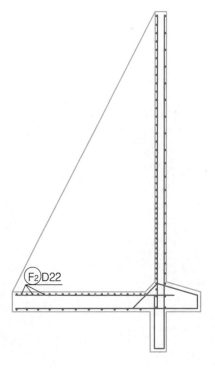

⑤ F6 철근을 작도한다.

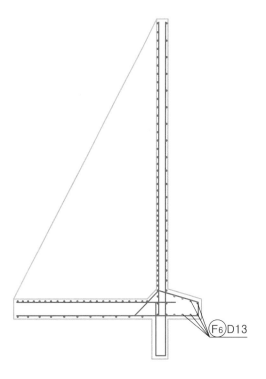

⑥ K2 철근을 작도한다.

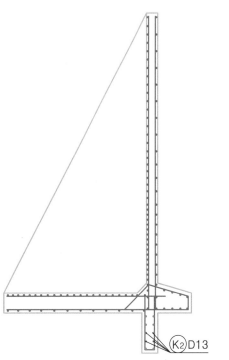

## 4. 스페이서 철근 작도

① S1 철근을 작도한다.

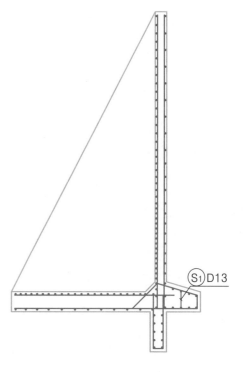

② S2 철근을 작도한다.

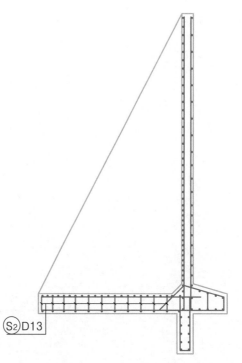

③ S₃ 철근을 작도한다.

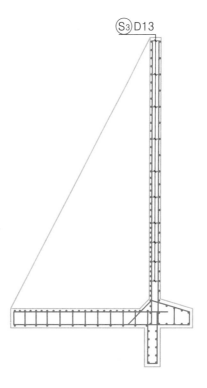

④ 철근 기호를 기입한다.

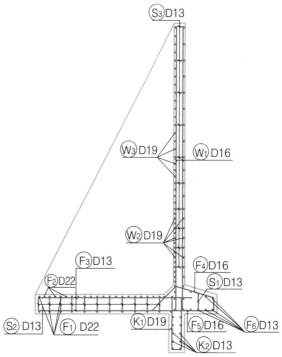

⑤ 단면도 치수를 기입
한다.

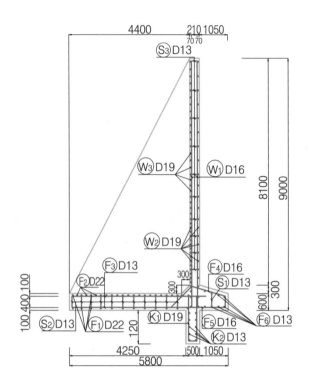

## 5. 평면도 배근 작도

① 길이 3.5m 작도한다.

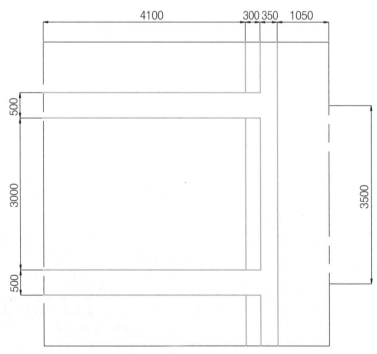

② W2 철근을 작도한다.

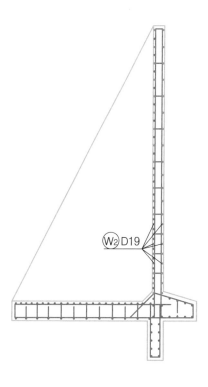

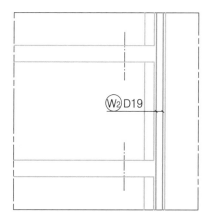

③ W1 철근을 작도한다.

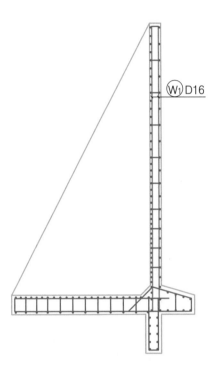

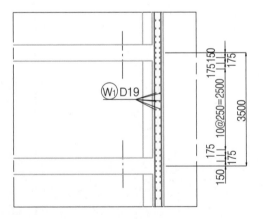

④ B 철근을 작도한다.

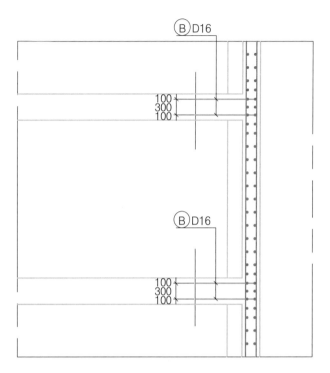

⑤ W3 철근을 작도한다.

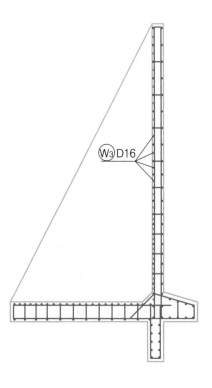

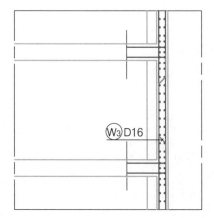

⑥ H₂ 철근을 작도한다.

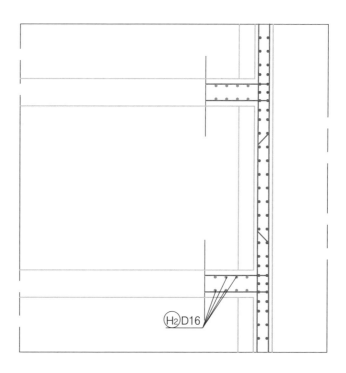

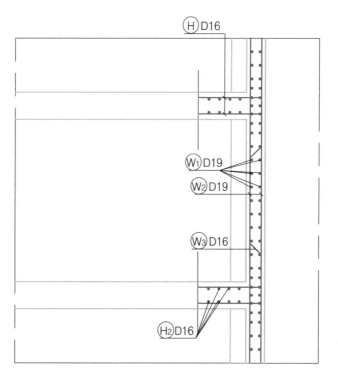

⑦ 평면도 치수를 기입
한다.

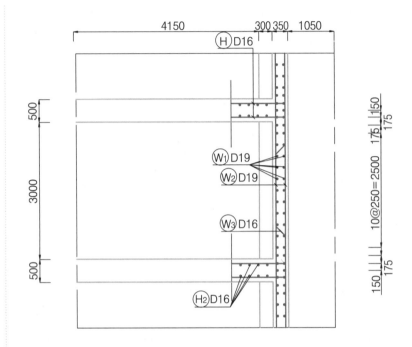

## 6. 저판 작도

① 상면, 하면 3.5m를
작도한다.

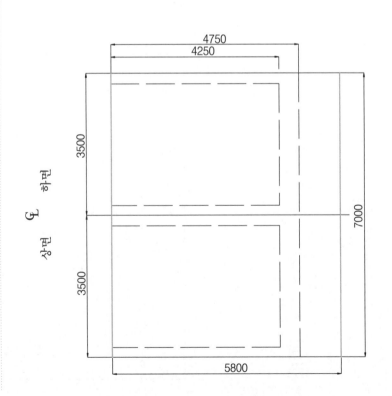

markdown

② F3 철근을 하면에 배
　근한다.

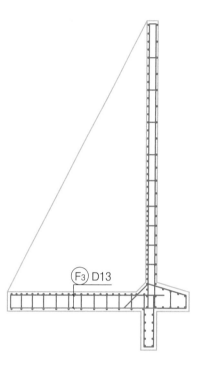

F3 D13

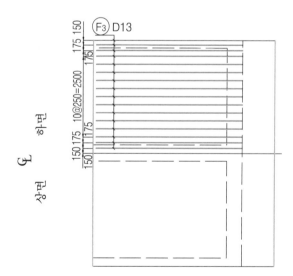

150 150
175
175
10@250=2500
175
150 175
150

F3 D13

상면 F3 하면

③ F₃ 철근을 상면에 배
치한다.

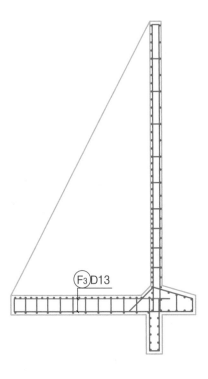

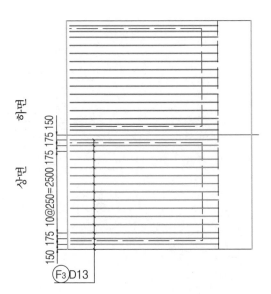

④ F1 철근을 하면에 배
근한다.

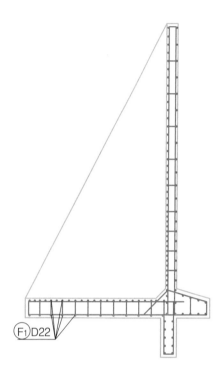

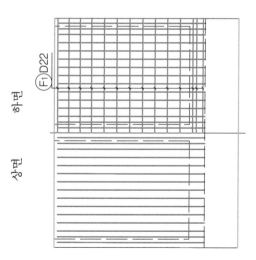

⑤ F₁ 철근을 상면에 배
근한다.

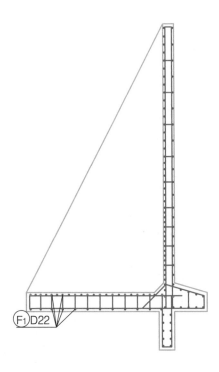

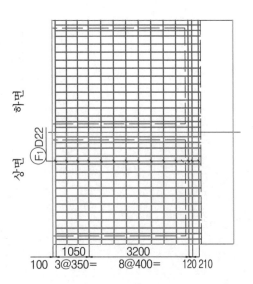

⑥ F6 철근을 작도한다.

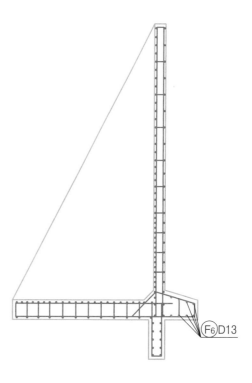

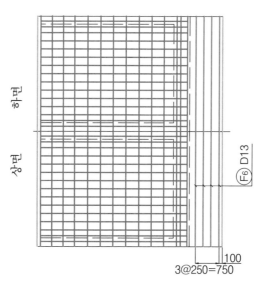

⑦ F2 철근을 상면과 하
면에 작도한다.

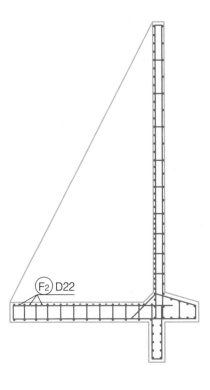

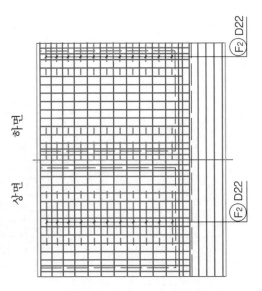

⑧ F4 철근을 작도한다.

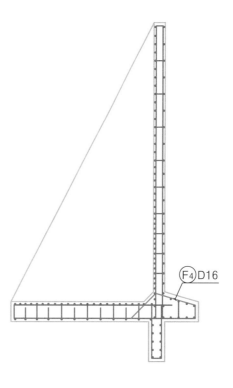

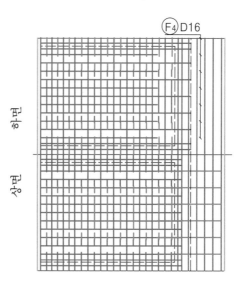

⑨ F5 철근을 작도한다.

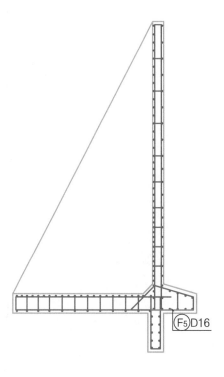

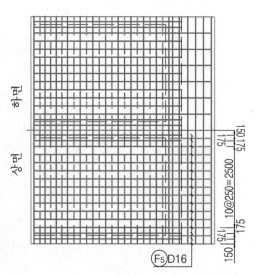

# 7. 스페이서 철근 작도

① S1 철근을 작도한다.

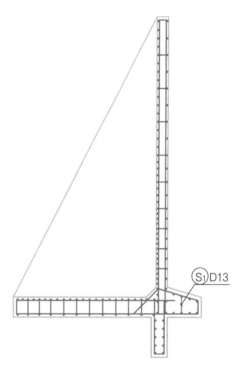

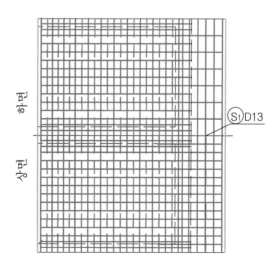

② S₂ 철근을 작도한다.

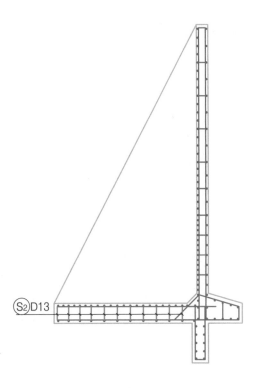

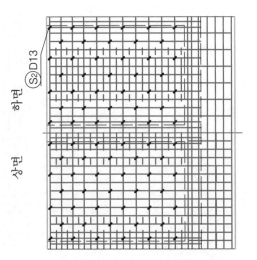

③ 철근기호를 기입한다.

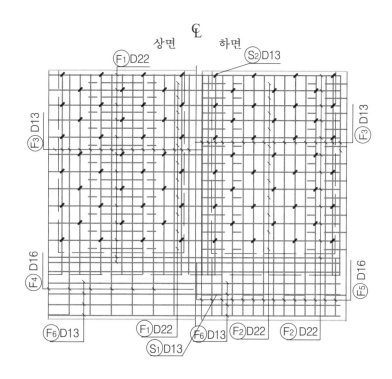

④ 저판 치수를 기입한다.

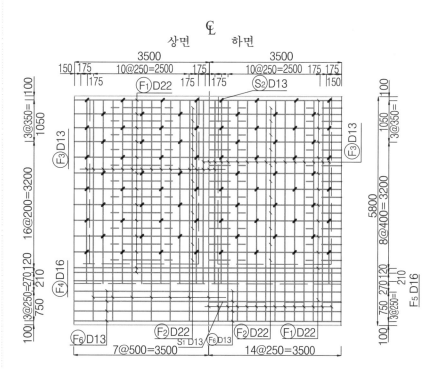

## 8. 벽체 작도

①전면, 후면 길이
3.5m를 작도한다.

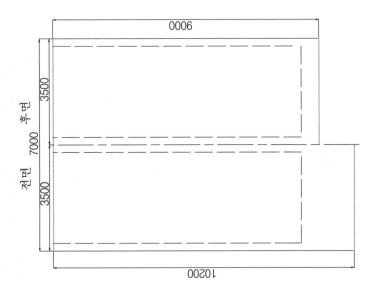

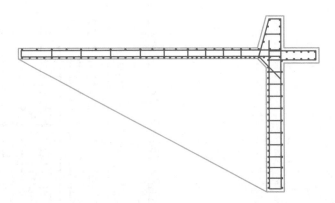

② W2 철근을 전면에
　작도한다.

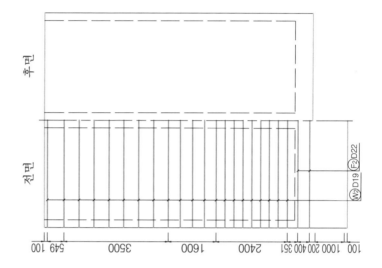

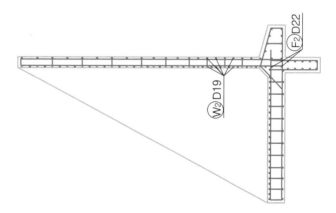

③ W₂ 철근을 후면에
　 배치한다.

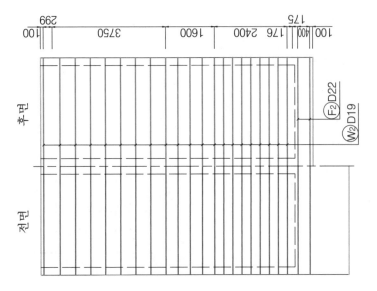

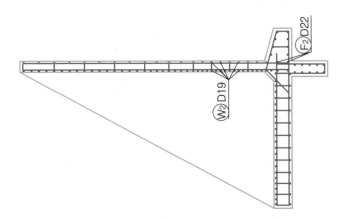

④ W3 철근을 작도한다.

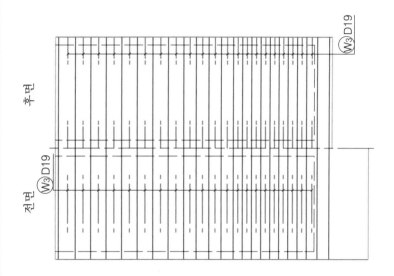

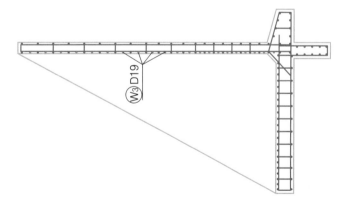

⑤ W₁ 철근을 전면에 작
   도한다.

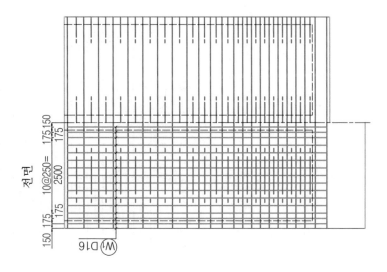

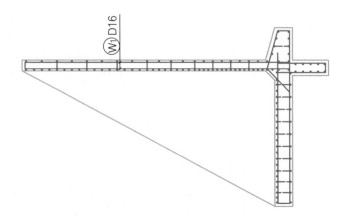

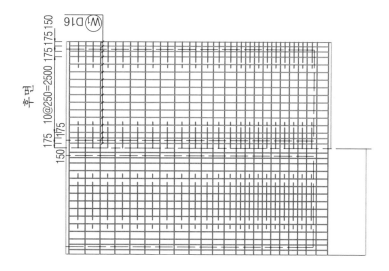

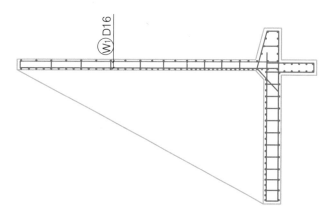

⑥ $W_1$ 철근을 후면에 배
  치한다.

⑦ K₁ 철근을 작도한다.

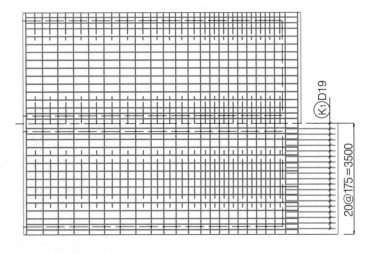

20@175 =3500

(K₁)D19

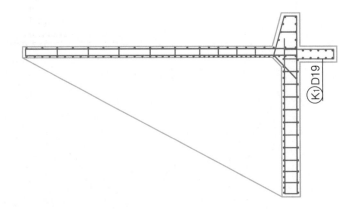

(K₁)D19

⑧ K2 철근을 작도한다.

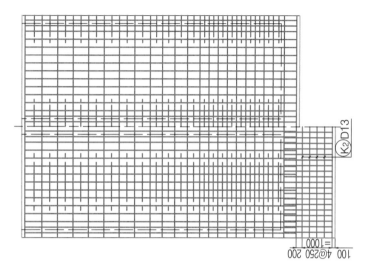

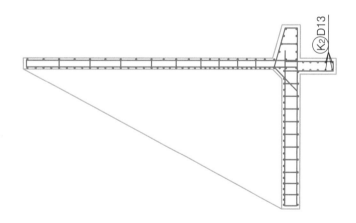

⑨ 스페이서 철근 S3을
작도한다.

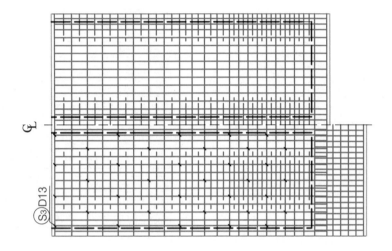

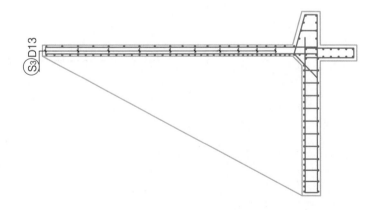

⑩ 철근기호를 기입한다.

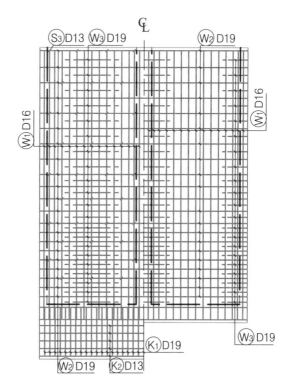

⑪ 벽체 치수를 기입한다.

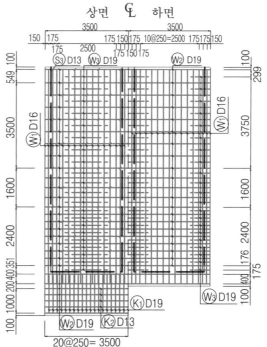

## 9. 부벽 작도

① 저판 5.8m, 벽체 9m
를 작도한다.

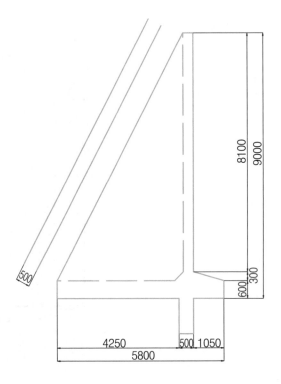

② B 철근을 작도한다.

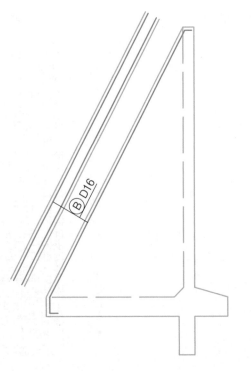

③ H₁ 철근을 작도한다.

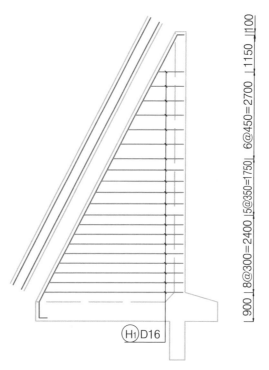

④ H₂ 철근을 작도한다.

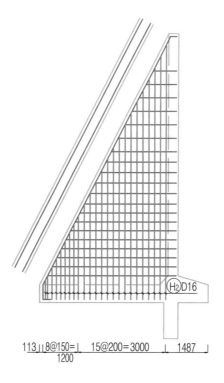

⑤ 스페이서 철근 S4를
   작도한다.

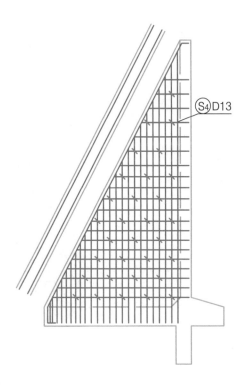

⑥ 철근 기호를 기입한다.

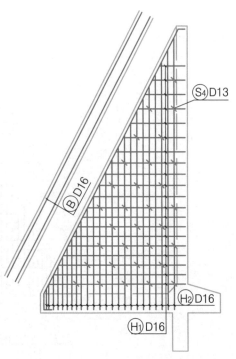

⑦ 부벽 치수를 기입한다.

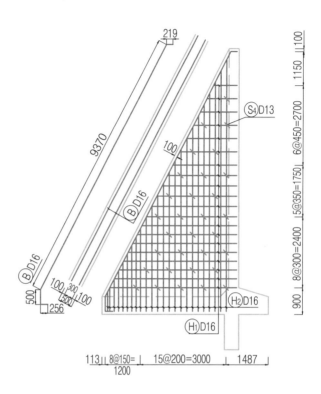

memo

## 〈보충〉 확대한 정답도면

### 1) 단 면 도

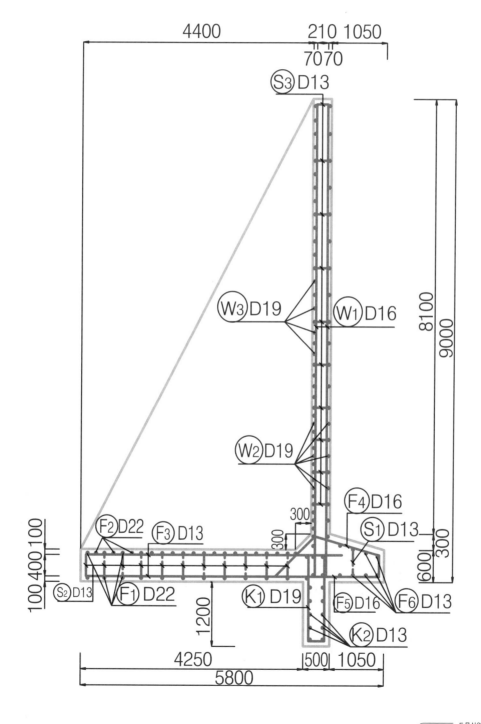

## 2) 벽 체

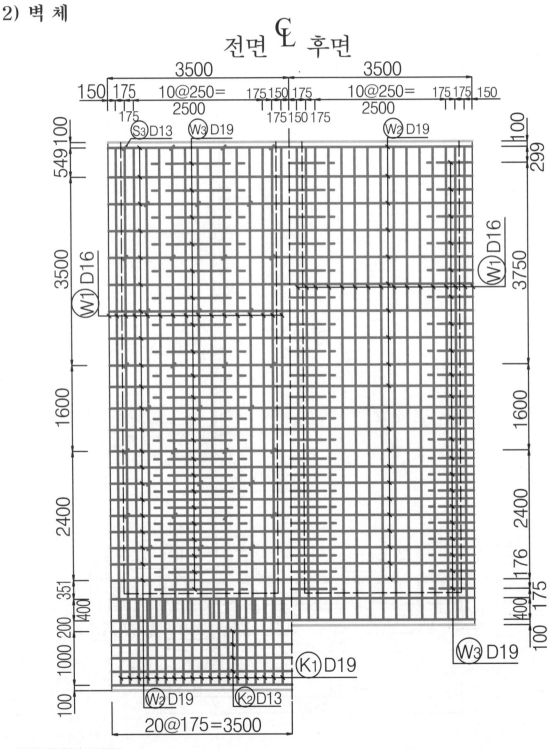

## 3) 평면도

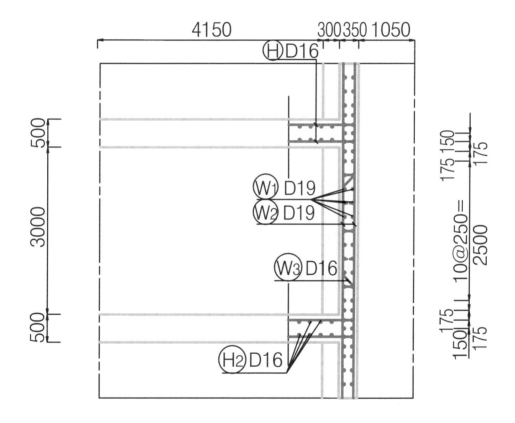

# 4) 저 판

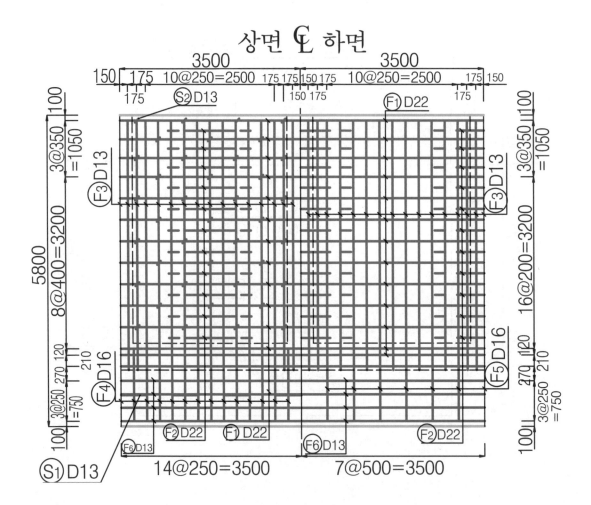

## 5) 부 벽

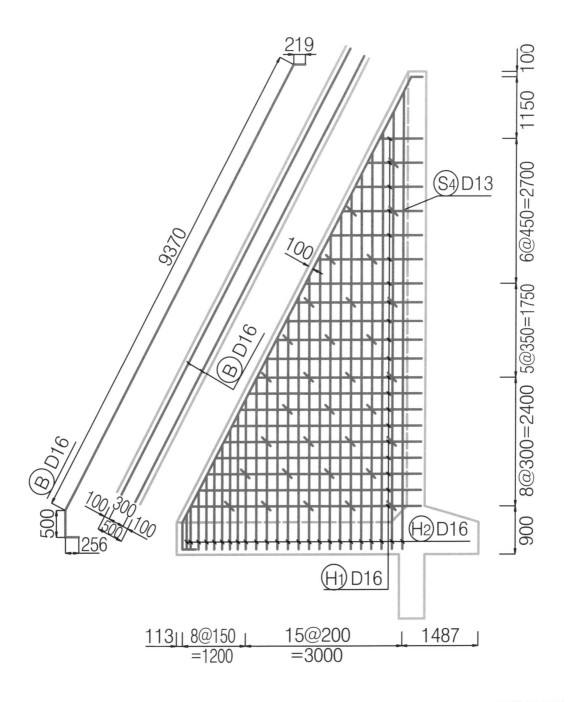

*Industrial Engineer Civil Engineering*

# Chapter 07

## 1연 도로암거

# Chapter 07 1연 도로암거

 요 구

주어진 도면과 작도조건 및 주의사항을 잘 읽고 주어진 모눈종이에 소요의 축척을 사용하여
도면을 완성하시오.

## 1. 도면작도 조건

### (1) 철근의 간격

철근 간격은 $S_1 \sim S_8$ 철근이 300mm 간격으로 배근한다.

### (2) 도면의 배치

정판은 단면도를 중심으로 상부에, 저판은 단면도를 중심으로 하부에, 측벽 배근도는 단면도를
중심으로 우측에, 그리고 나머지 도면은 적절히 배치한다.

### (3) 도면의 축척

① 주어진 암거의 단면도를 축척 1/40로 작도하고 단면도에 맞추어 정판과 저판의 배근도를 상,
하면으로 구분하고 측벽의 배근도를 내, 외면으로 구분하여 각각 1m씩만 작도하시오.
(단, 측벽 배근도는 한쪽 벽만 작도하시오.)
② 주어진 문제 도면의 주철근 조립도, 일반도, 철근 상세도를 축척 1/40로 작도하시오.

## 1연 도로암거 작도 순서 ⇨ ⇨                Chapter 07

## 1. 외형 단면도 작도

① 측벽 3.65m, 접판
3.1m를 작도한다.

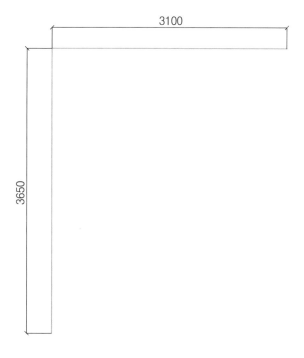

② 정판, 하면 2.1m를 작도한다.

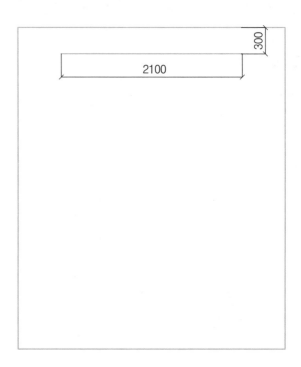

③ 헌치 부분을 작도한다.

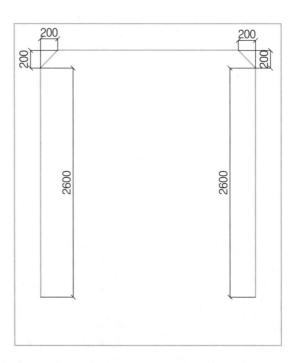

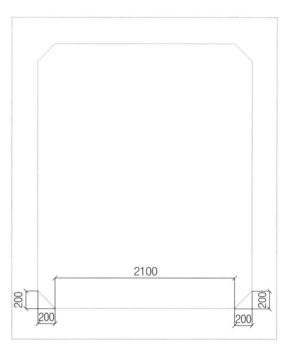

## 2. 주철근 작도

① S6을 작도한다.

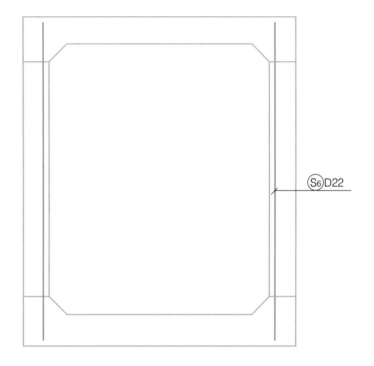

S6 D22

② S4 철근을 작도한다.

S4 D19

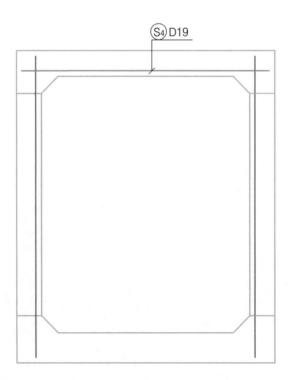

③ S5 철근을 작도한다.

S5 D19

S1 D22

④ S1 철근을 작도한다.

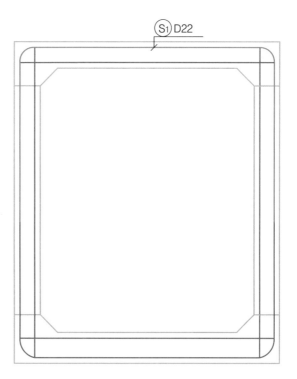

⑤ S2 철근을 작도한다.

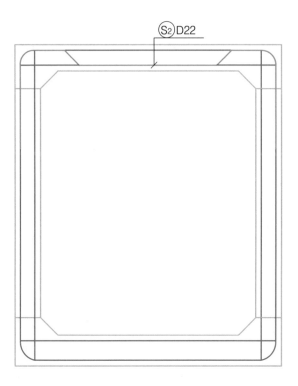

⑥ S3 철근을 작도한다.

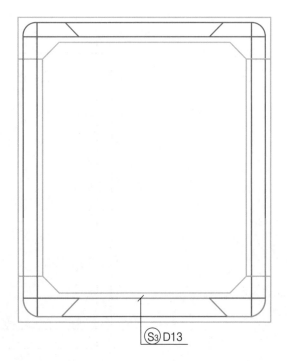

⑦ S7 철근을 작도한다.

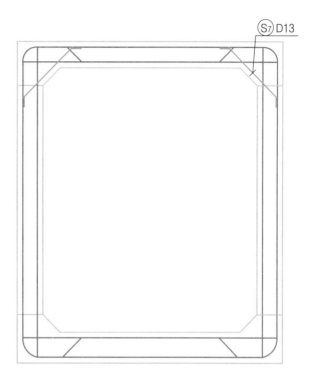

⑧ S8 철근을 작도한다.

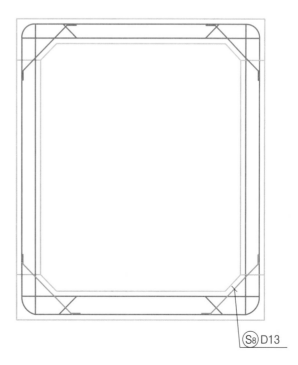

## 3. 점철근 배근 작도

① S9 철근을 작도한다.

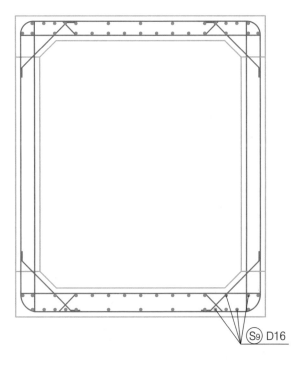

② S10 철근을 작도한다.

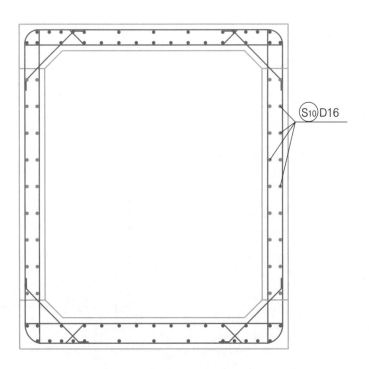

③ 스페이서 철근 F1을
   작도한다.

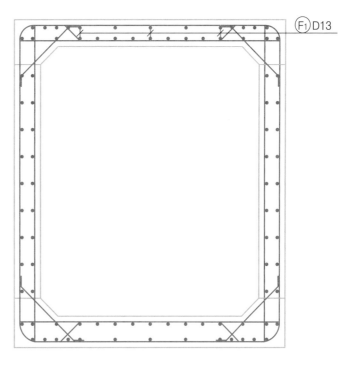

④ 스페이서 철근 F2을
   작도한다.

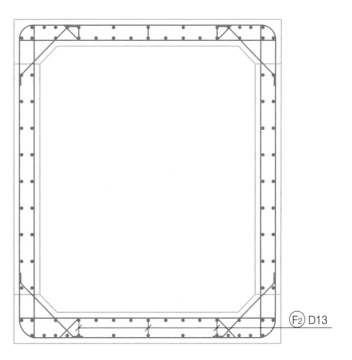

⑤ 스페이서 철근 F₃을
　 작도한다.

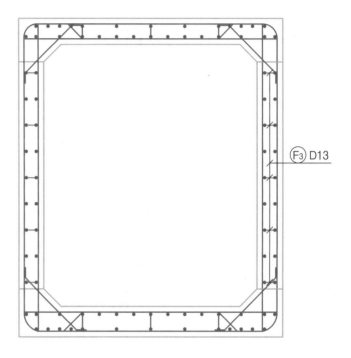

F₃ D13

⑥ 단면도 치수를 기입
　 한다.

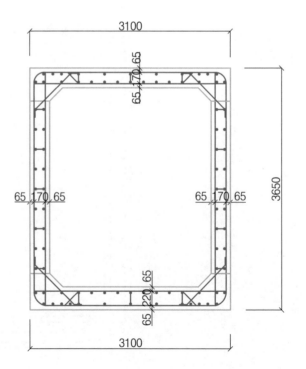

⑦ 단면도 철근 기호를
기입한다.

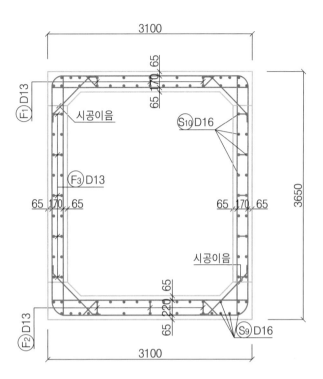

## 4. 정판 작도 순서

① 상면, 하면 1m를 작
도한다.

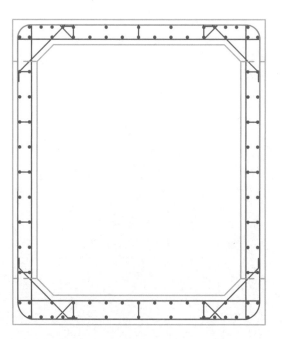

② S1 철근을 작도한다.

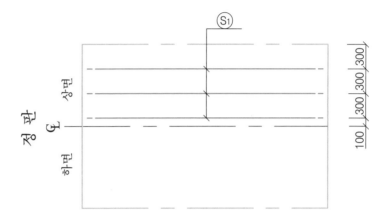

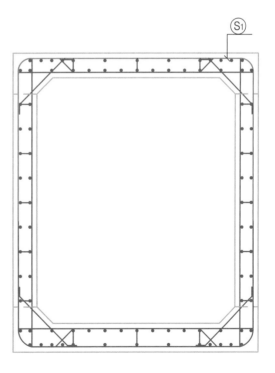

③ S4 철근을 작도한다.

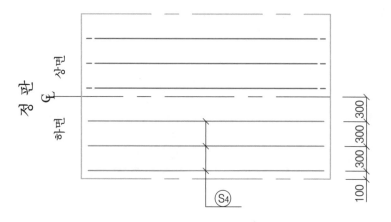

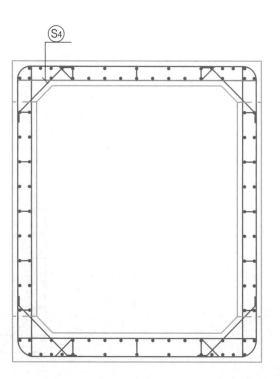

④ S<sub>2</sub> 철근을 작도한다.

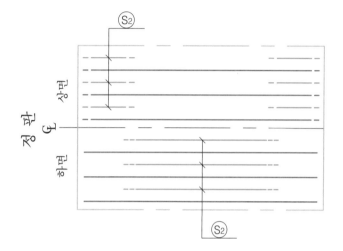

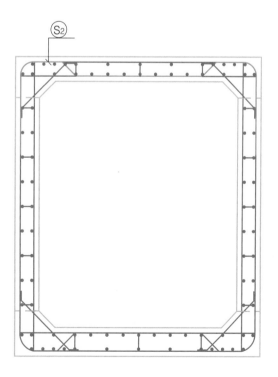

⑤ S7 철근을 작도한다.

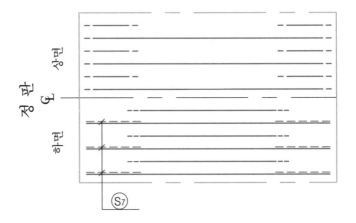

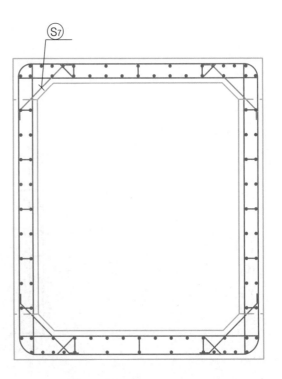

⑥ S9 철근을 상면에 작
도한다.

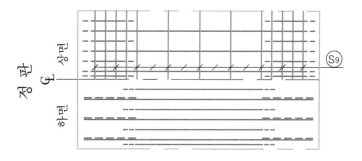

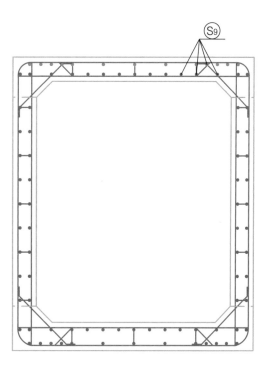

⑦ S9 철근을 하면에 작
　도한다.

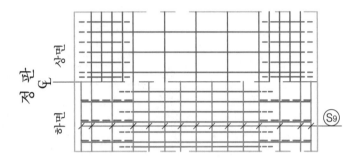

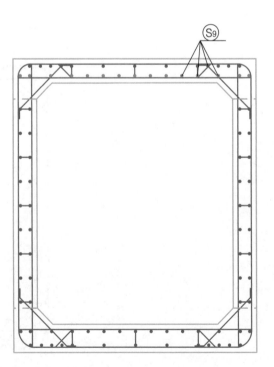

⑧ 스페이서 철근 F1을
　작도한다.

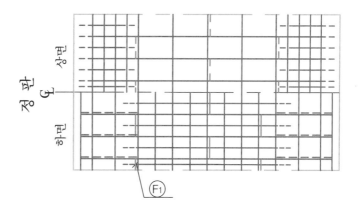

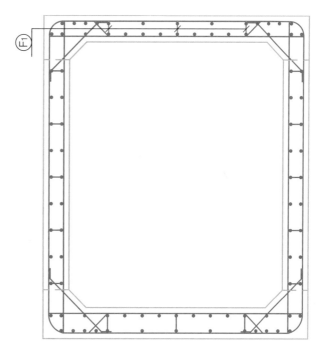

⑨ 정판 치수를 기입한다.

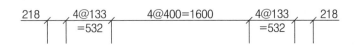

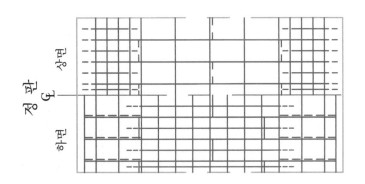

⑨ 정판 철근 기호를 기입한다.

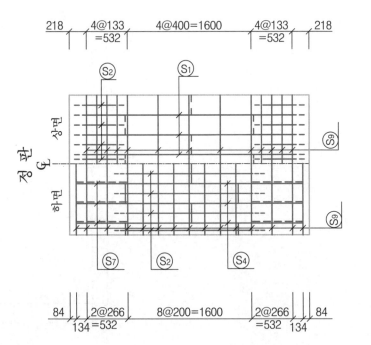

# 5. 측벽 단면도 작도

① 내면, 외면 1m를 작
도한다.

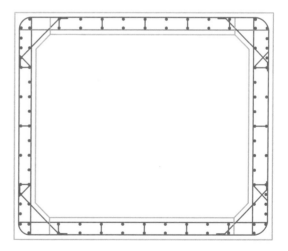

② F6 철근을 작도한다.

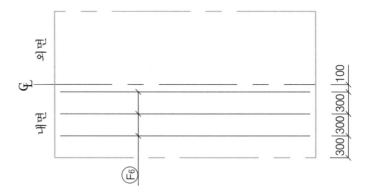

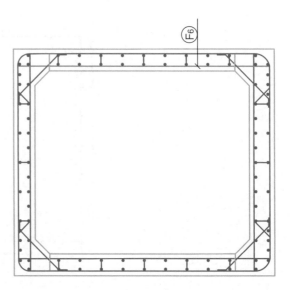

③ S₁ 철근을 작도한다.

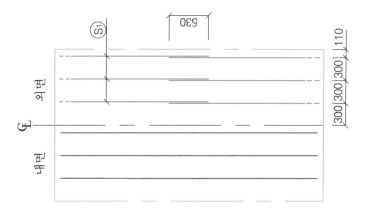

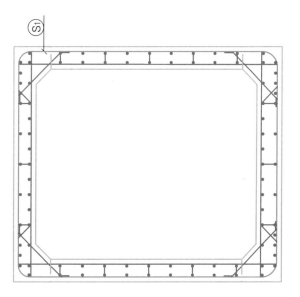

④ S2 철근을 작도한다.

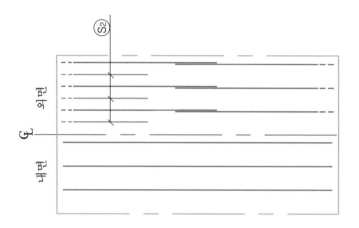

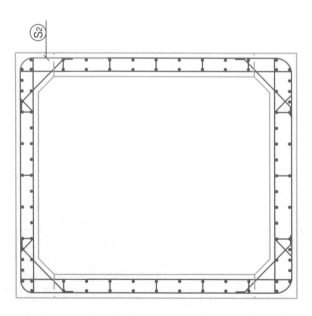

⑤ S3 철근을 작도한다.

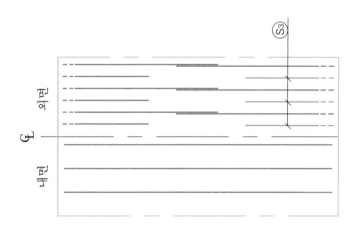

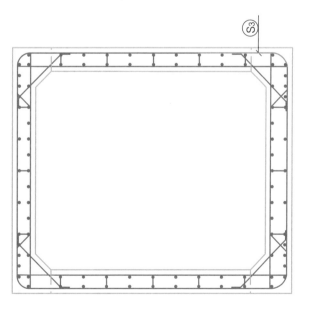

⑥ 스페이서 철근 F7을
상면에 작도한다.

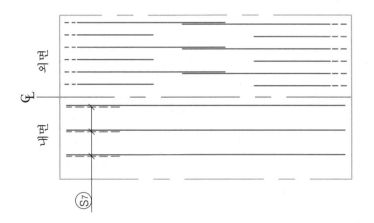

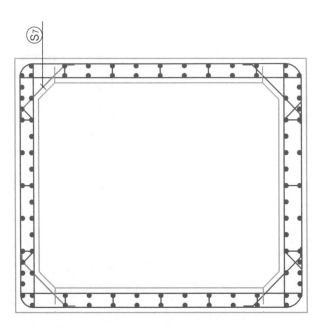

⑦ 스페이서 철근 F7을
  하면에 작도한다.

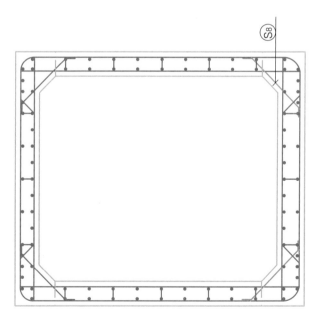

⑧ F10 철근을 외면에 작
도한다.

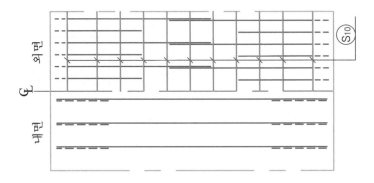

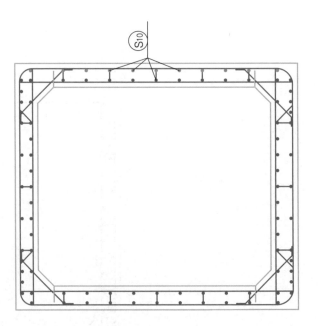

⑨ F10 철근을 내면에 작
　도한다.

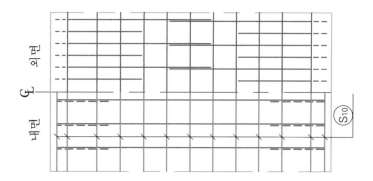

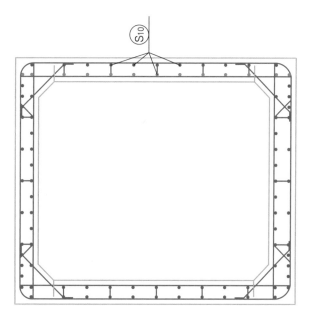

⑨ 스페이서 철근 F3을
　작도한다.

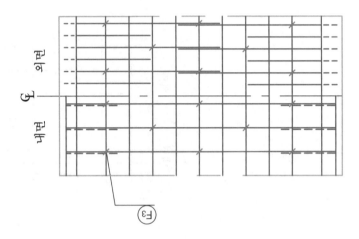

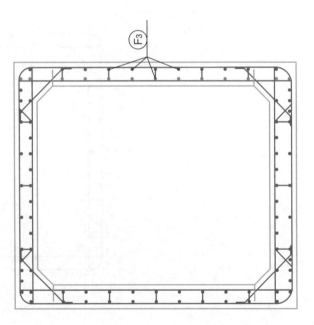

⑩ 측벽 치수를 기입한다.

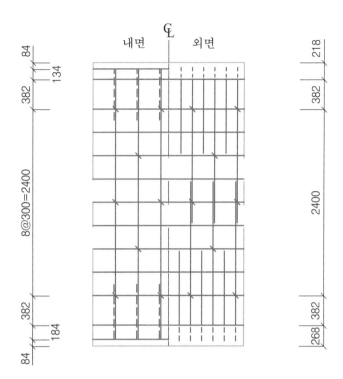

⑪ 측벽 철근 기호를 기 입한다.

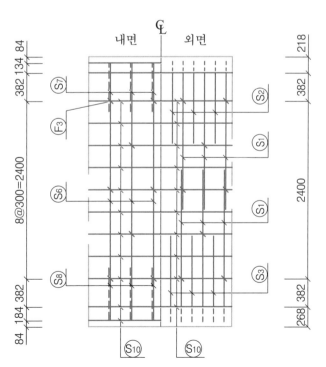

# 6. 저판 단면도 작도

① 상면, 하면 1m를 작도한다.

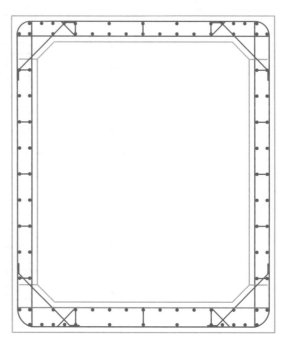

② S5 철근을 작도한다.

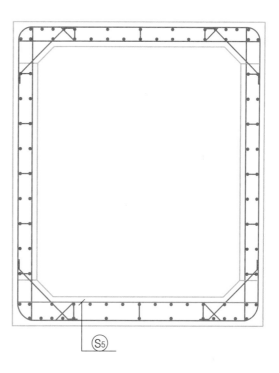

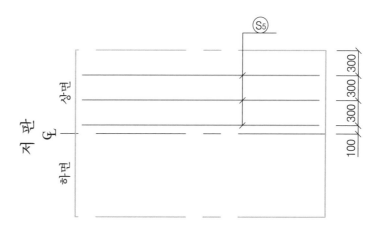

③ S1 철근을 작도한다.

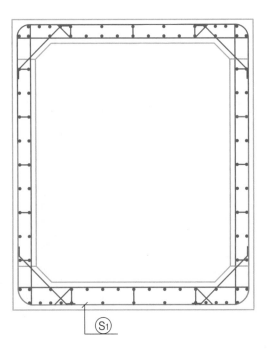

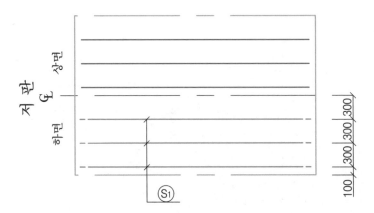

④ S3 철근을 작도한다.

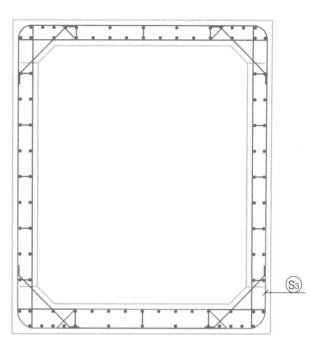

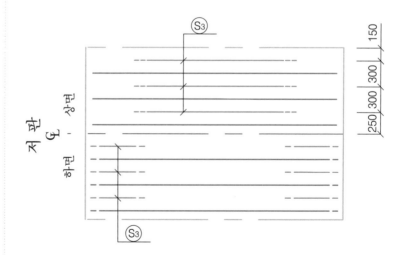

⑤ S8 철근을 작도한다.

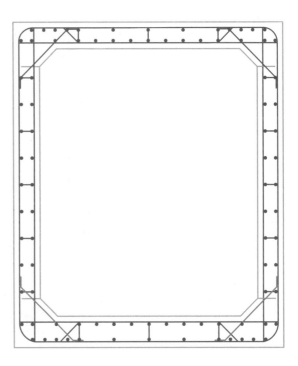

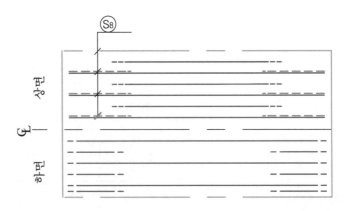

⑥ S9 철근을 상면에 작
　도한다.

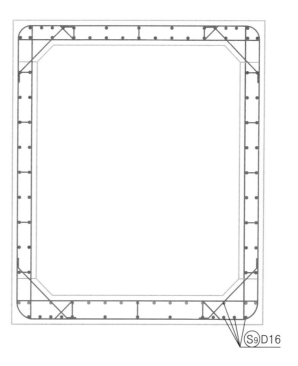

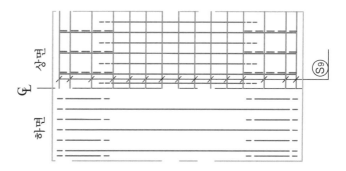

⑦ S9 철근을 하면에 작
도한다.

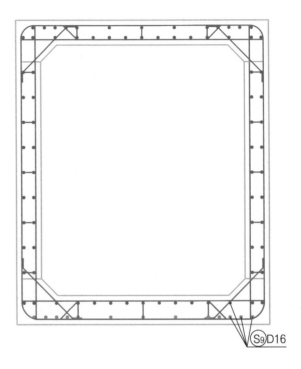

S9D16

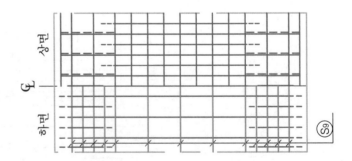

⑧ 스페이서 철근 F2를
작도한다.

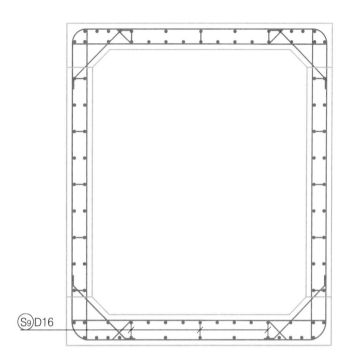

(S9)D16

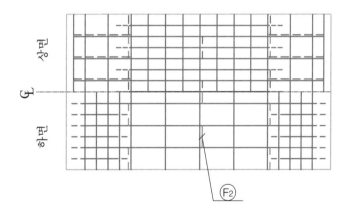

상판

℄

하판

(F2)

⑨ 저판의 치수를 기입
한다.

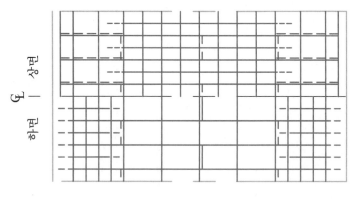

⑩ 저판 철근 기호를 기
입한다.

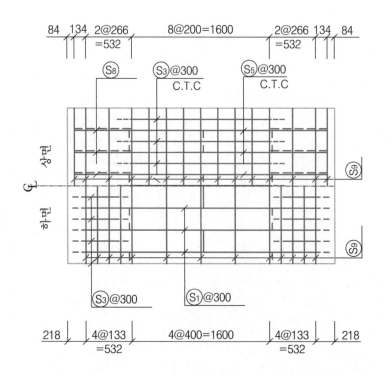

# 〈보충〉 확대한 정답도면

## 1) 단면도

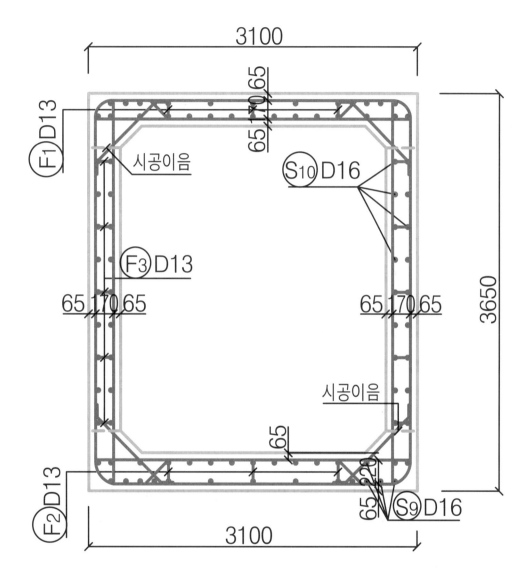

## 2) 정 판

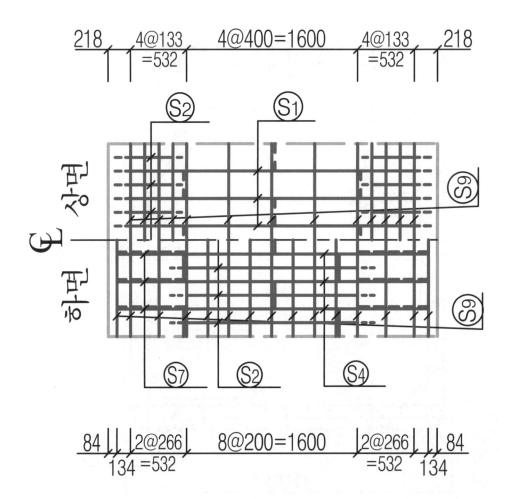

## 3) 저 판

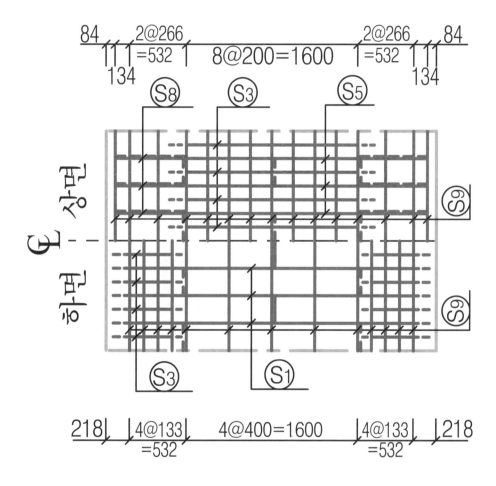

## 4) 측벽

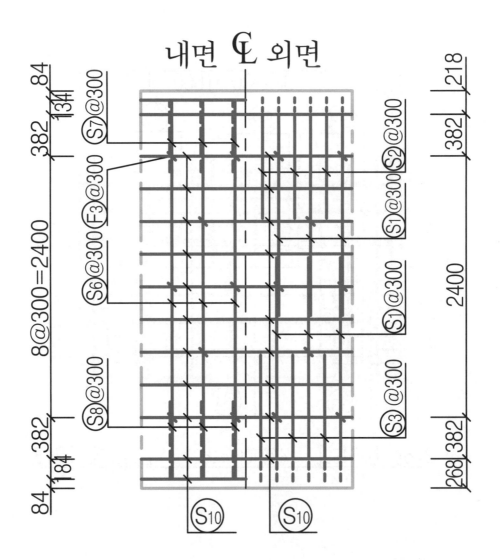

토목산업기사 도·면·작·도     Industrial · Engineer · Civil · Engineering

*Industrial Engineer Civil Engineering*
# Chapter 08

## 원형 도로암거

# Chapter 08 원형 도로암거

 요 구

주어진 도면과 작도조건 및 주의사항을 잘 읽고 주어진 모눈종이에 소요의 축척을 사용하여
도면을 완성하시오.

## 1. 도면작도 조건

### (1) 철근의 배근 간격

철근 간격은 $S_1 \sim S_6$, H 철근의 300mm 간격으로 배근한다.

### (2) 도면의 배치

단면도를 중심으로 상부에 정판, 하부에 저판, 우측에 측벽 배근도를 그리고, 나머지 도면을 적
절히 배치한다.

### (3) 도면의 축척

① 주어진 암거의 단면도를 축척 1/30로 작도하고, 단면도에 구분하고, 측벽의 배근도를 내, 외
면으로 구분하여 각각 1m씩만 작도하시오.(단, 측벽 배근도는 한쪽 벽만 작도함)
② 주어진 문제 도면의 주철근 조립도, 일반도, 철근 상세도를 축척 1/30로 작도하시오.

## 원형 도로암거 작도 순서 ⇨ ⇨

### 1. 단면도 작도

① 정판 2.76m, 측벽
2.88m를 작도한다.

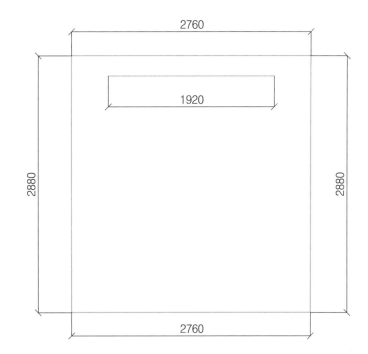

② 내벽 부분을 작도한다.

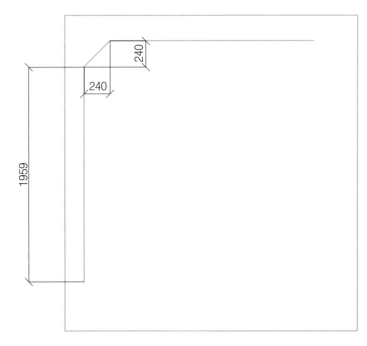

③ 헌치 부분을 작도한다.

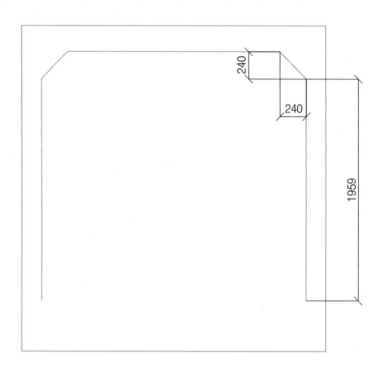

④ 저판 상면 부분을 작도한다.

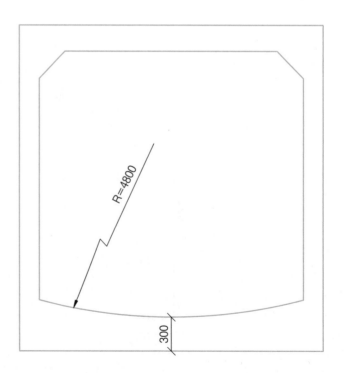

## 2. 주철근 배근 작도

① S1 철근을 작도한다.

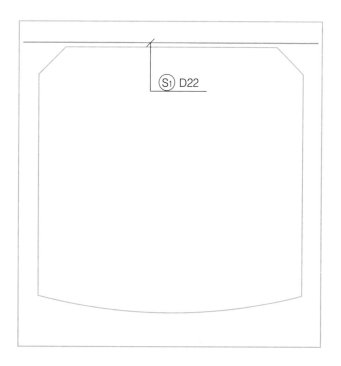

② S2 철근을 작도한다.

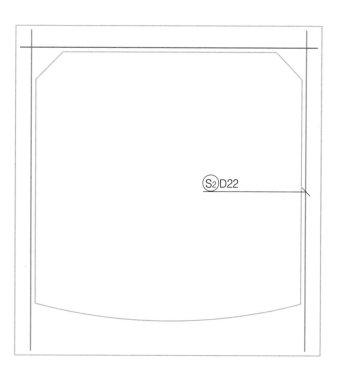

③ S6 철근을 작도한다.

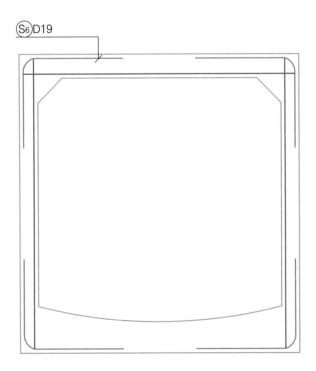

④ H 철근을 작도한다.

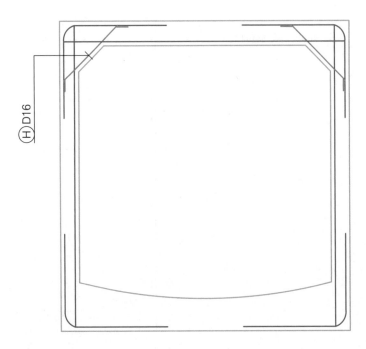

⑤ S3 철근을 작도한다.

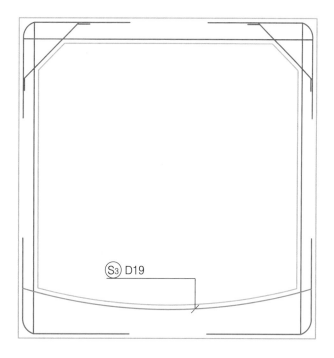

⑥ S4 철근을 작도한다.

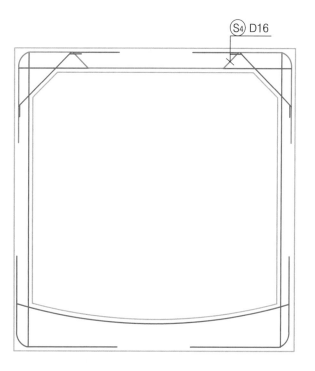

⑦ S5 철근을 작도한다.

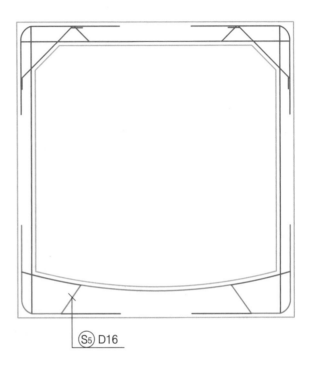

(S5) D16

⑧ F 철근을 벽체에 작도한다.

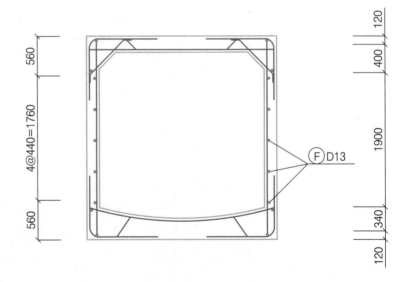

(F) D13

⑨ F 철근을 상면 하면
에 작도한다.

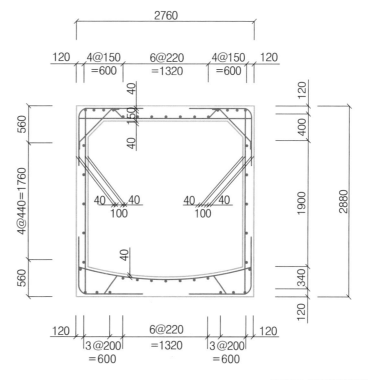

⑩ 단면도의 치수를 기
입한다.

⑪ 단면도 철근 기호를
기입한다.

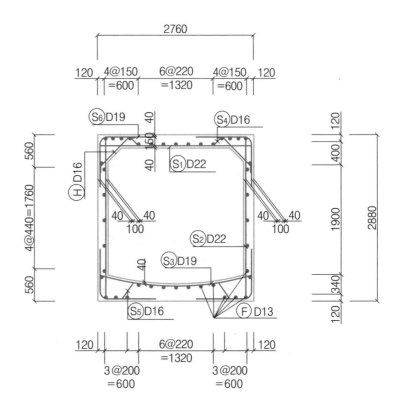

## 3. 측벽 단면도 작도

① 내면, 외면 1m를 작
도한다.

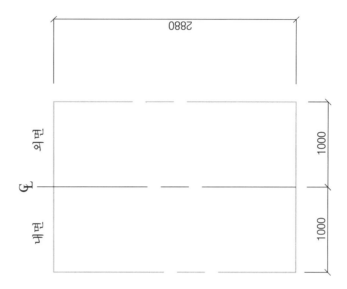

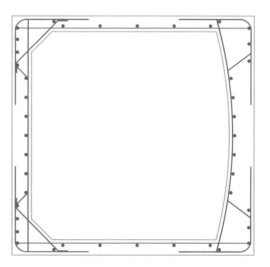

② S₂ 철근을 작도한다.

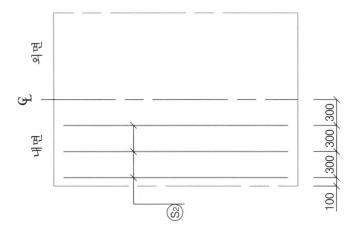

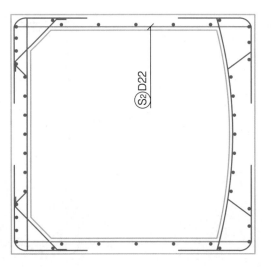

③ S4 철근을 작도한다.

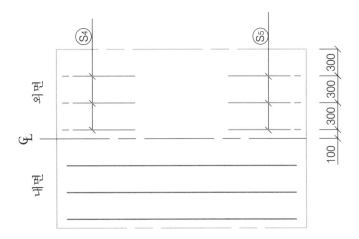

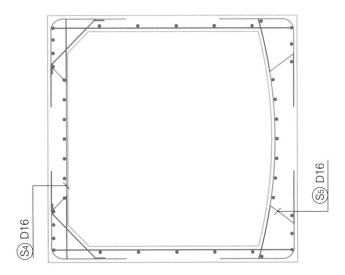

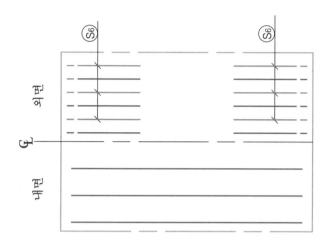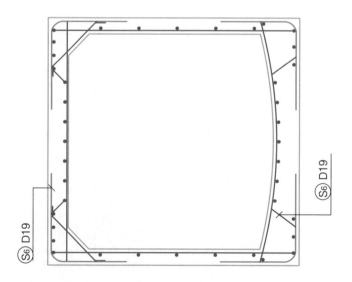

④ S6 철근을 작도한다.

④ S6 철근을 작도한다.

⑤ F 철근을 작도한다.

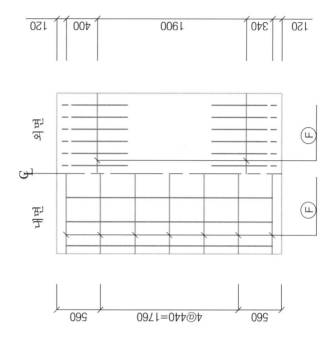

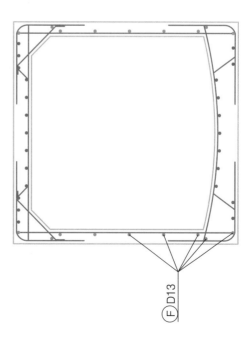

⑥ H 철근을 작도한다.

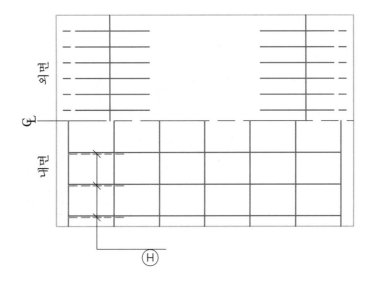

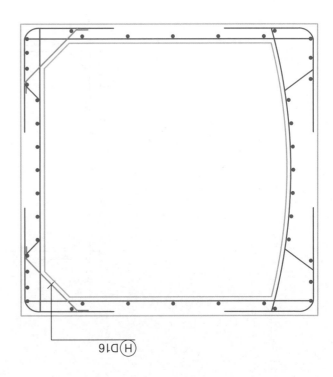

⑦ 측벽 치수를 기입한다.

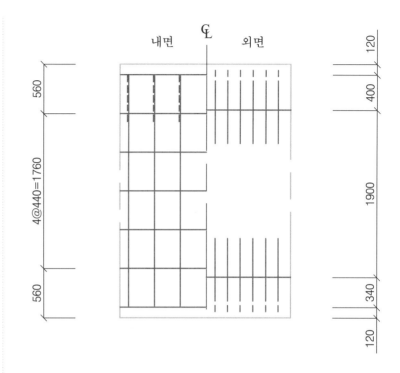

⑧ 측벽 철근 기호를 기 입한다.

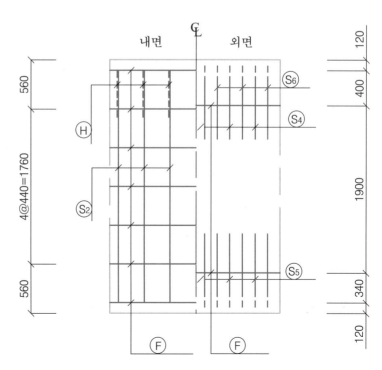

## 4. 정판 단면도 작도

① 상면 1m, 하면 1m를
작도한다.

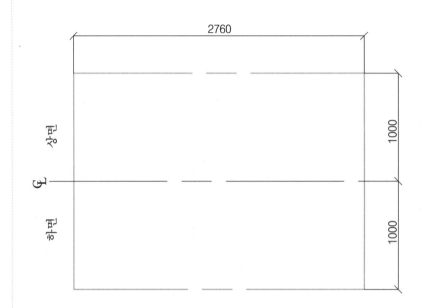

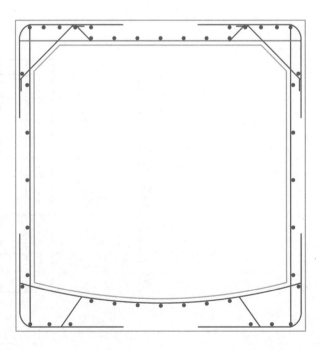

② S1 철근을 작도한다.

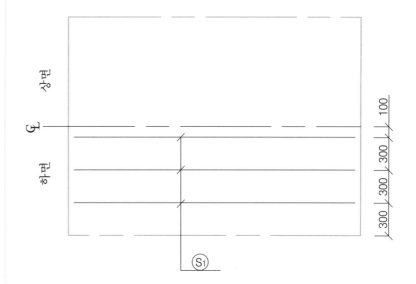

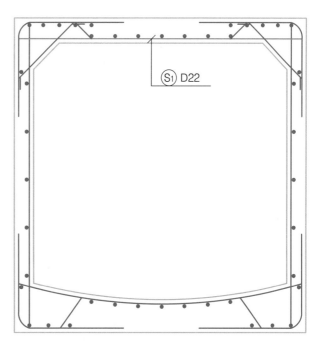

③ S6 철근을 작도한다.

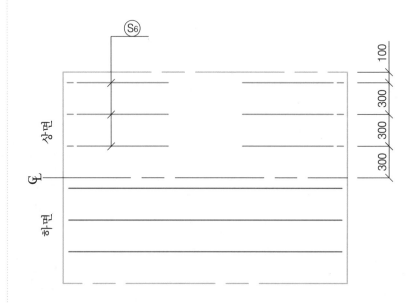

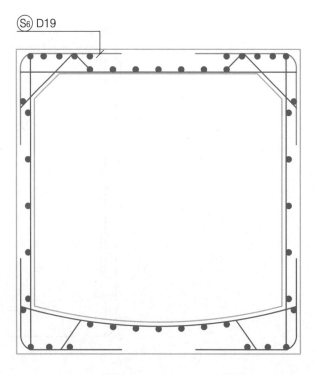

④ S4 철근을 작도한다.

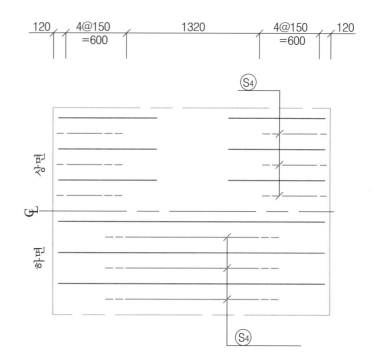

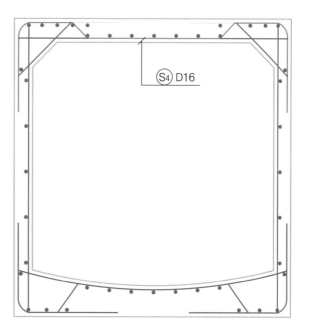

⑤ F 철근을 작도한다.

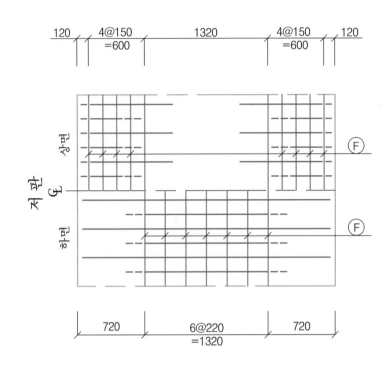

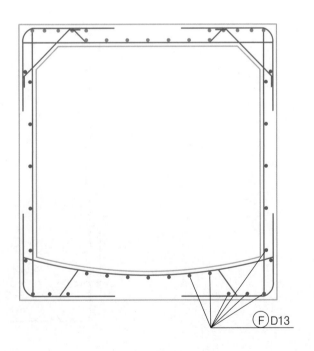

⑥ H 철근을 작도한다.

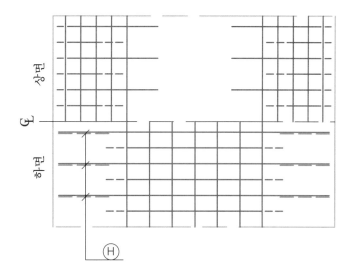

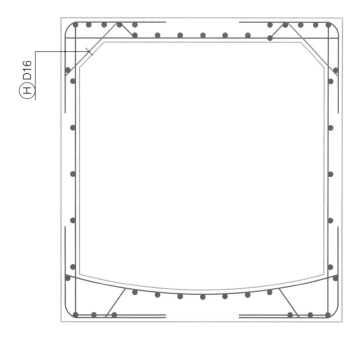

⑦ 정판 치수를 기입한다.

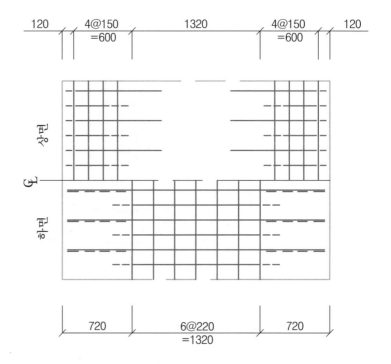

⑧ 정판 철근 기호를 기입한다.

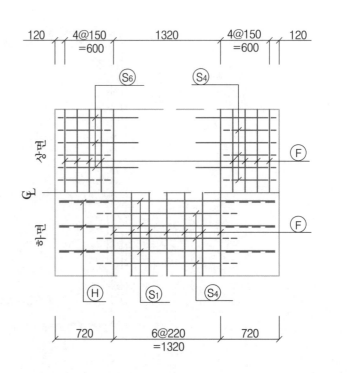

## 5. 저판 작도

① 상면, 하면 1m를 작
도한다.

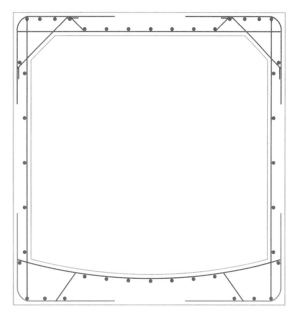

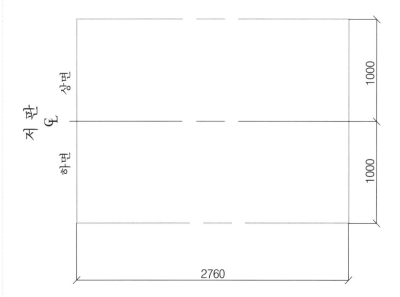

② S6 철근을 작도한다.

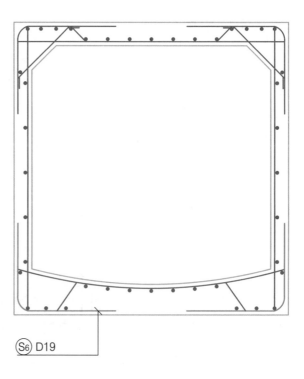

S6 D19

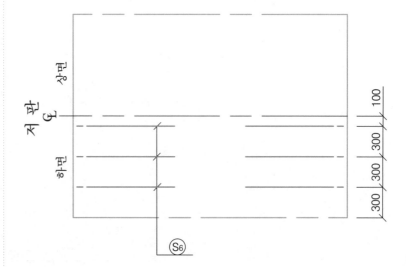

③ S3 철근을 작도한다.

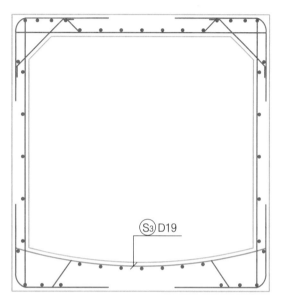

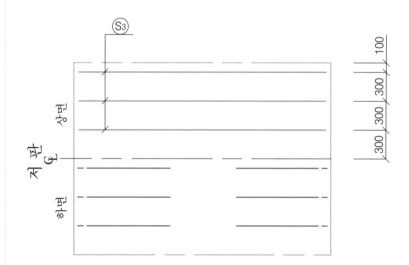

④ S5 철근을 작도한다.

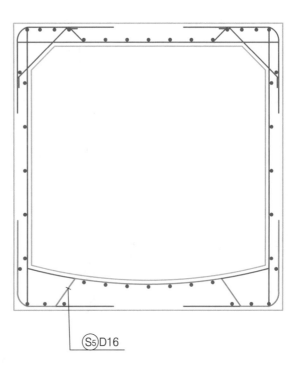

⑤D16

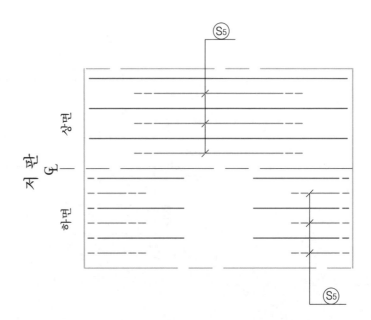

⑤ F 철근을 작도한다.

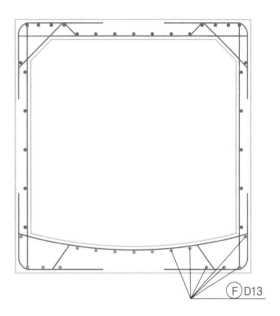

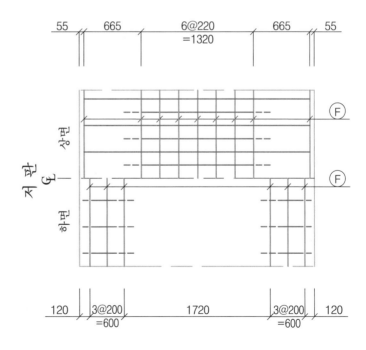

⑥ 저판 치수를 기입한다.

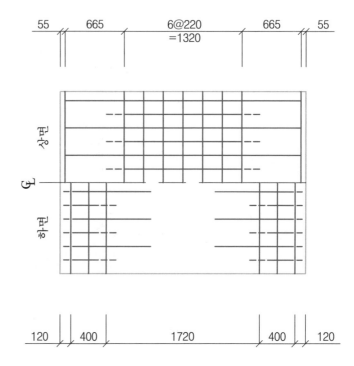

⑦ 저판 철근 기호를 기입한다.

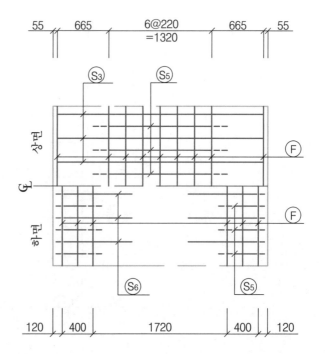

# 〈보충〉 확대한 정답도면

## 1) 단면도

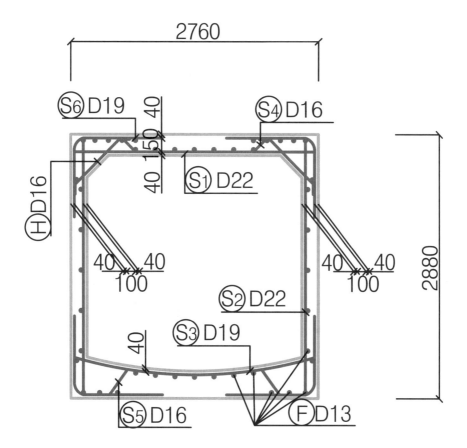

## 2) 정판

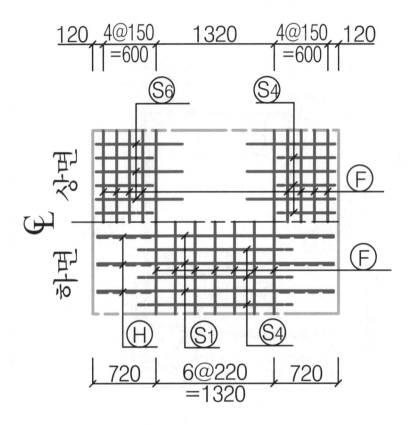

## 3) 저 판

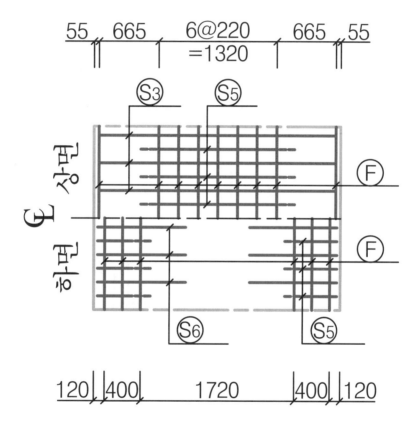

## 4) 측벽

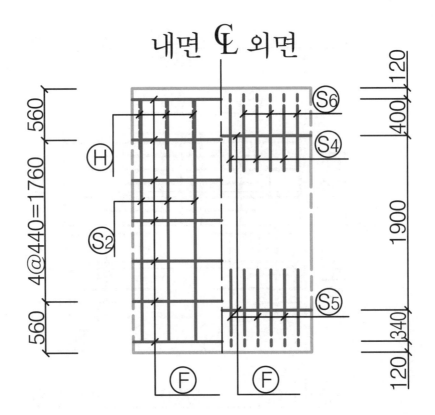

*Industrial Engineer Civil Engineering*

# Chapter 09

## 반중력형 교대

# Chapter 09 반중력형 교대

## 요구

주어진 도면과 작도조건 및 주의사항을 잘 읽고 주어진 모눈종이에 소요의 축척을 사용하여 도면을 완성하시오.

## 1. 도면작도 조건

### (1) 철근의 배근 간격

① $A_1$, $A_3$, $A_7$, $S_2$, 철근은 피복두께가 좌우로 각 200mm이며, 각 200mm 간격으로 배근한다.
② $A_2$, $A_4$, $A_8$ 각 300mm 간격으로 배근한다.
③ $S_1$, $A_6$, 철근은 200mm 간격으로 배근한다.
④ $A_5$ 철근은 피복두께가 좌우로 200mm이며 150mm 간격으로 배근한다.

### (2) 도면의 배치

도면의 배치는 측면도를 기준하여 좌측에 정면도, 정면도 하부에 평면도를 작도하고 일반도와 철근상세도는 적절히 배치한다.

### (3) 도면의 축척

도면의 축척은 전 도면을 1/40로 작도하며 정면도와 평면도의 폭을 10m로 한다.(단, 평면도는 교대길이의 1/2만 작도한다.)

## 반중력형 교대 작도 순서 ⇨ ⇨

### 1. 측면도 작도

(번호는 작도순서를 의미합니다.)

① 흉벽 부분을 작도 한다.

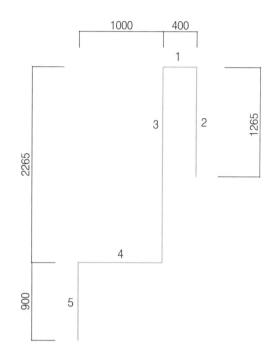

② 구체 부분을 작도한다.

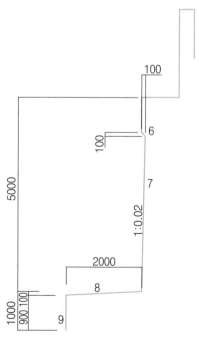

③ 기초 부분을 작도하고
   측면도를 완성한다.

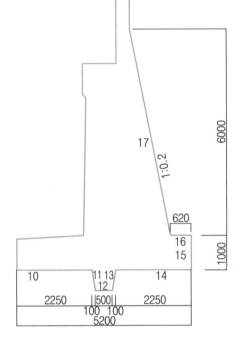

## 2. 주철근 작도

① A1 철근을 작도한다.

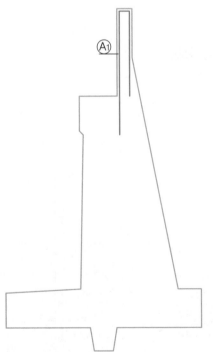

② A3 철근을 작도한다.

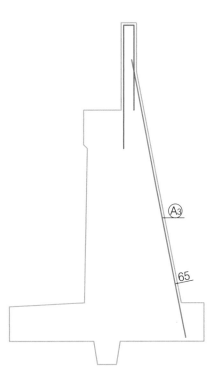

③ S2 철근을 작도한다.

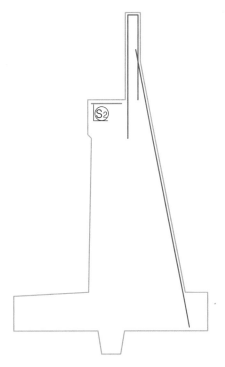

④ A5 철근을 작도한다.

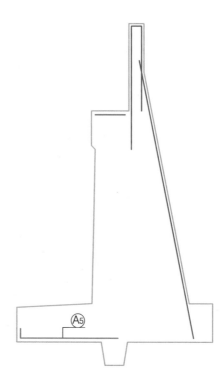

⑤ A7 철근을 작도한다.

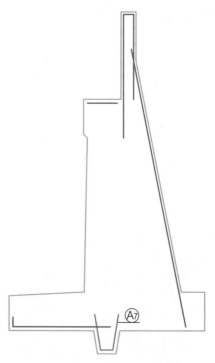

## 3. 점철근 작도

① A2 철근을 작도한다.

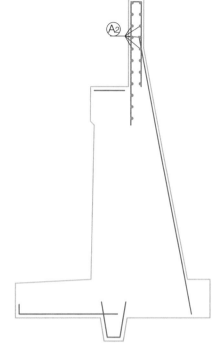

② A4 철근을 작도한다.

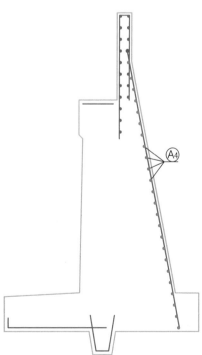

③ S1 철근을 작도한다.

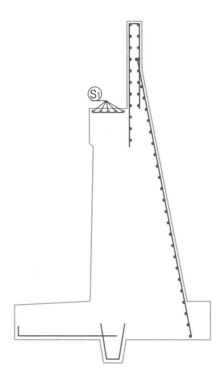

④ A6 철근을 작도한다.

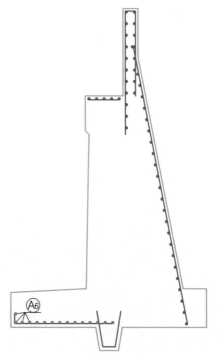

⑤ A8 철근을 작도한다.

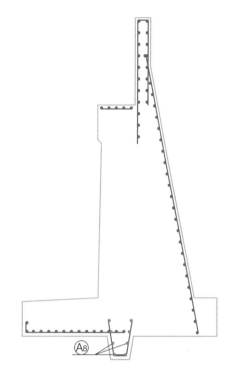

⑥ 측면도 치수를 기입
한다.

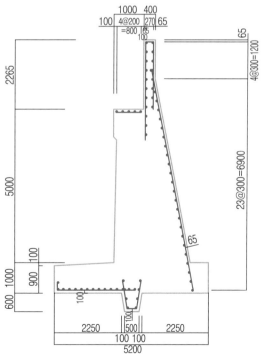

⑦ 측면도 철근 기호를
기입한다.

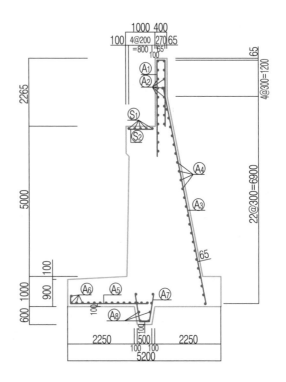

# 4. 정면도 작도

① 폭 10m를 작도한다.

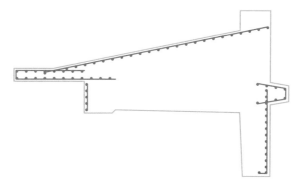

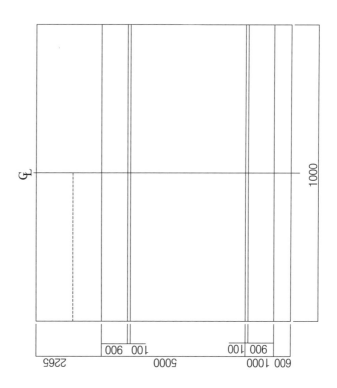

② A1 철근을 작도한다.

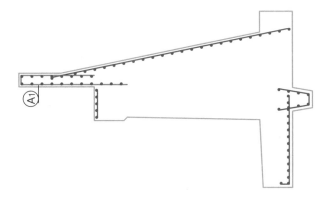

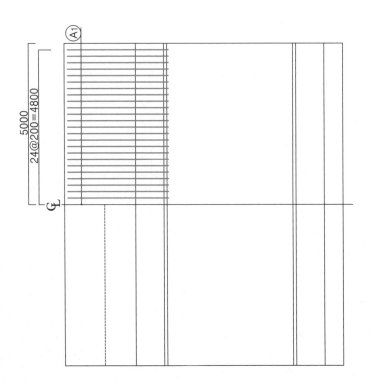

③ A3 철근을 작도한다.

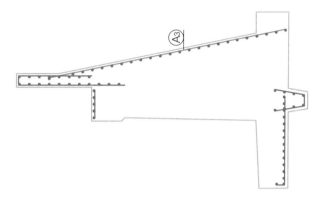

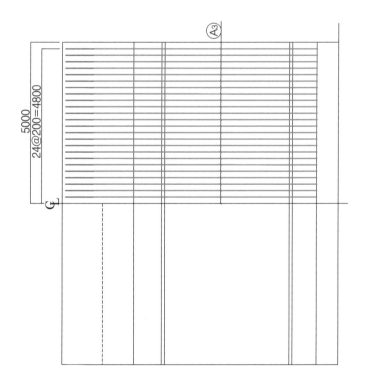

④ A7 철근을 작도한다.

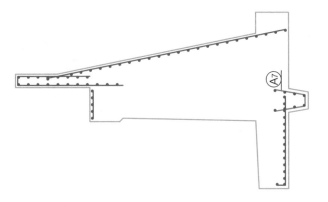

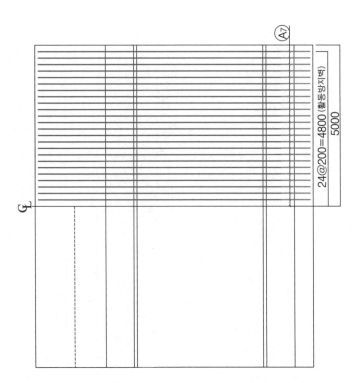

⑤ A2 철근을 작도한다.

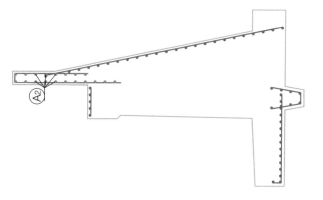

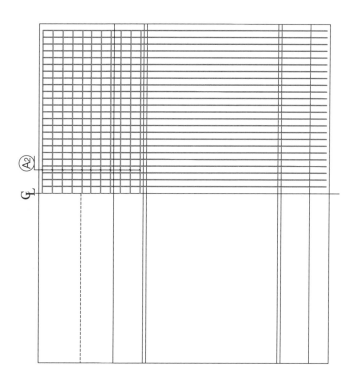

⑥ A4 철근을 작도한다.

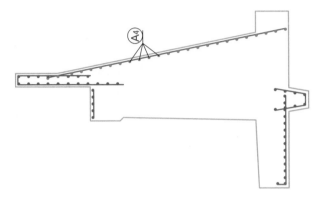

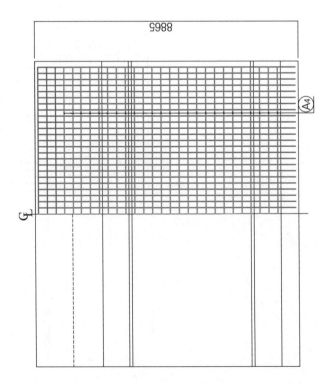

⑦ A8 철근을 작도한다.

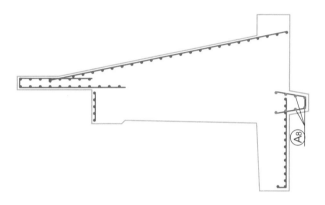

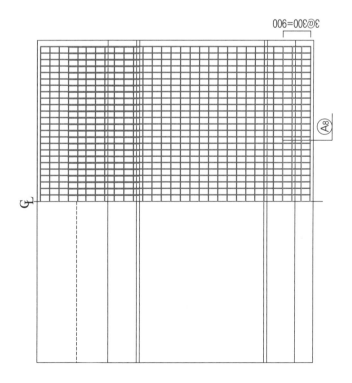

⑧ 정면도 치수를 기입
한다.

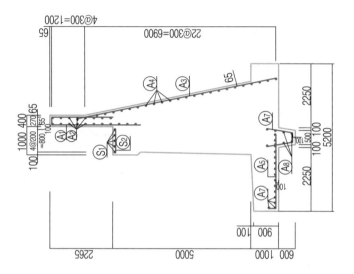

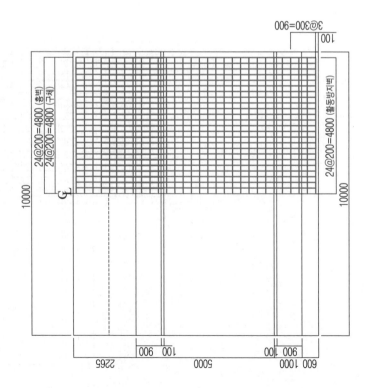

⑨ 정면도 철근 기호를
   기입한다.

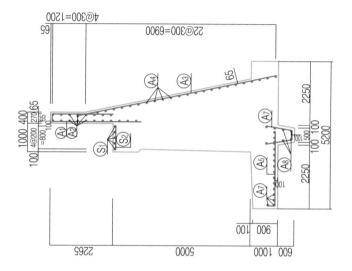

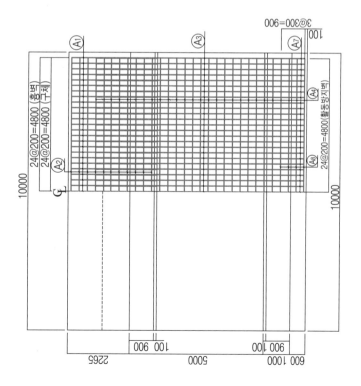

## 5. 평면도 작도

① 폭 10m를 작도한다.

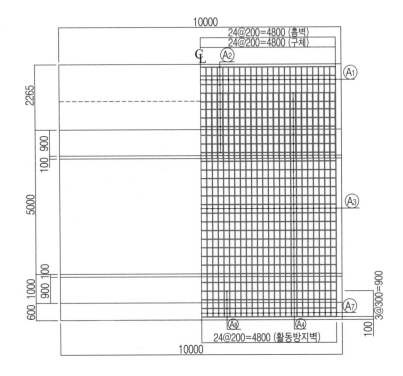

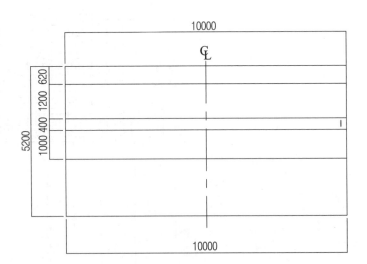

② A2 철근을 작도한다.

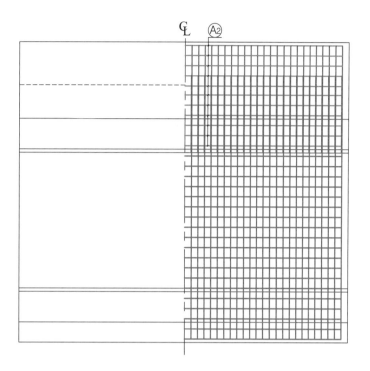

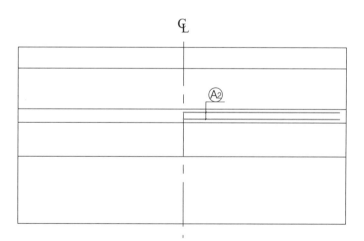

③ A1 철근을 작도한다.

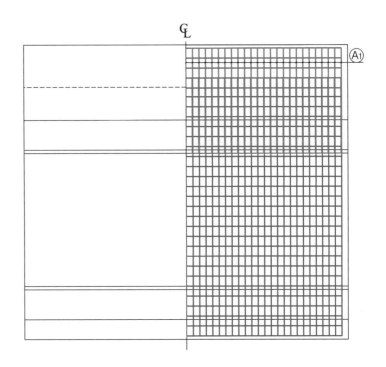

24@200=4800 (흉벽)

④ S1 철근을 작도한다.

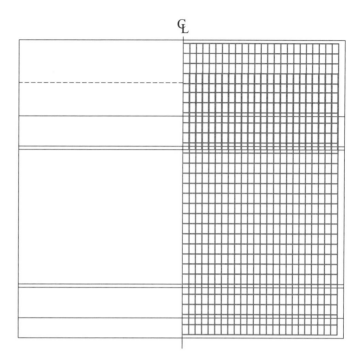

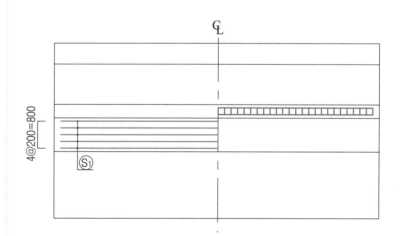

4@200=800

S1

⑤ S2 철근을 작도한다.

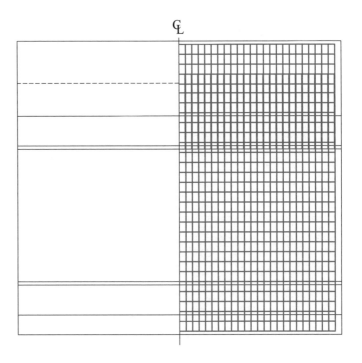

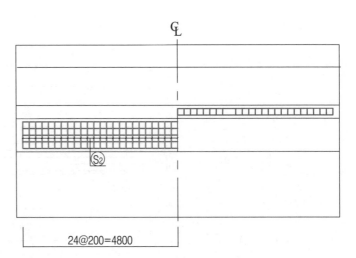

24@200=4800

⑥ A5 철근을 작도한다.

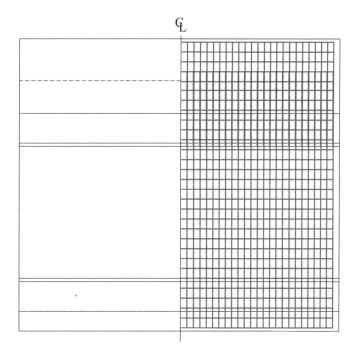

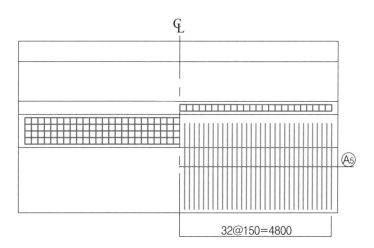

32@150=4800

⑦ A6 철근을 작도한다.

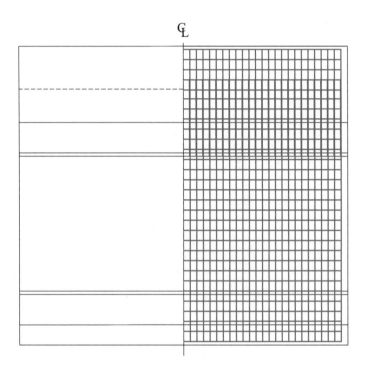

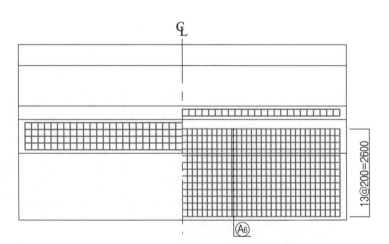

⑧ 평면도 치수를 기입
한다.

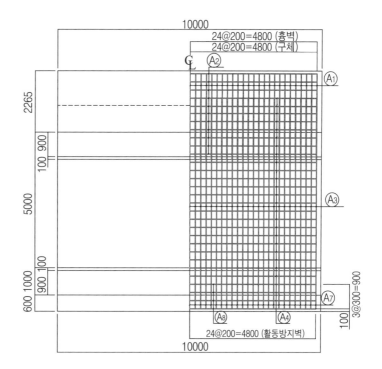

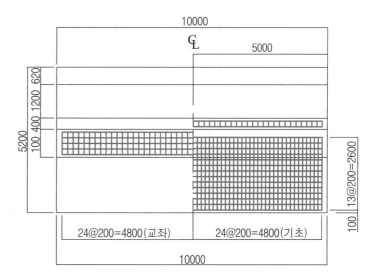

⑨ 평면도 철근 기호를
  기입한다.

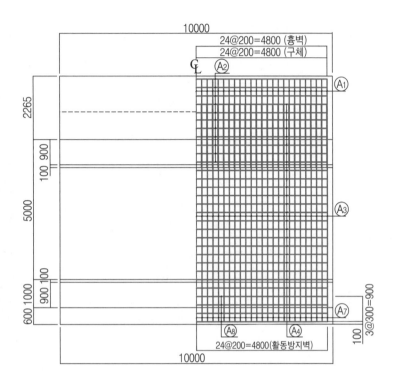

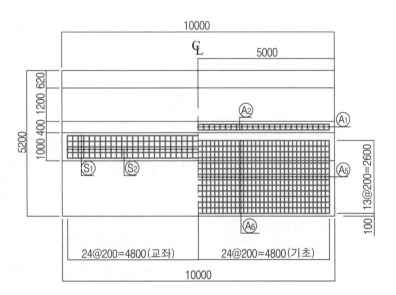

# 〈보충〉 확대한 정답도면

## 1) 측 면 도

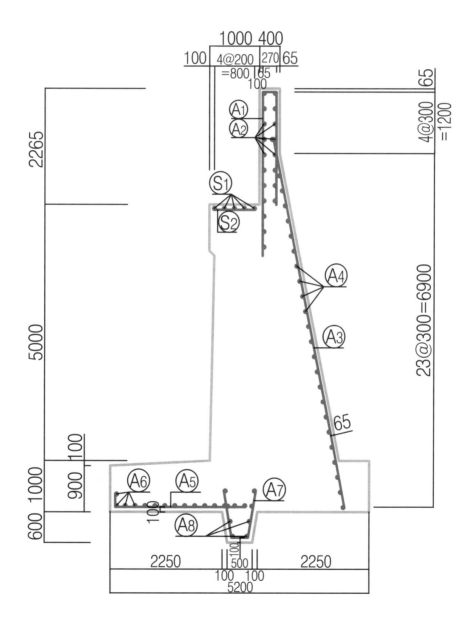

# 2) 정 면 도

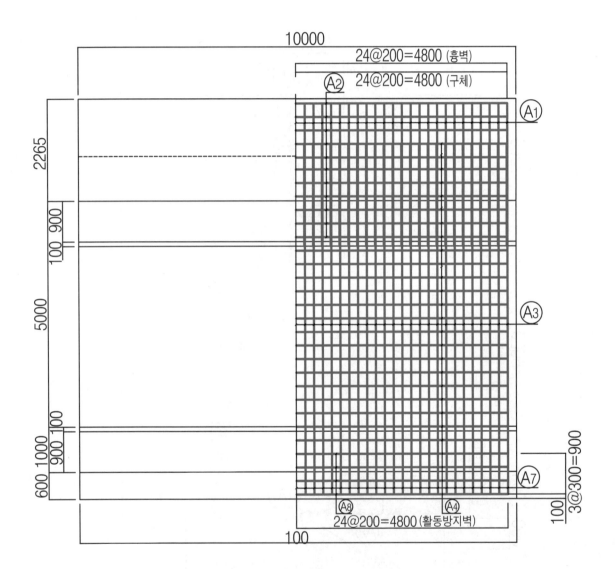

## 3) 평 면 도

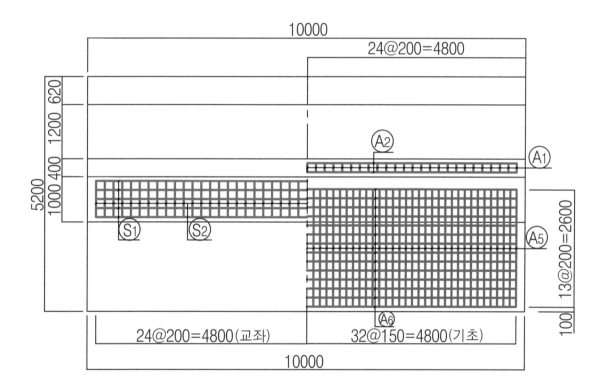

memo

Industrial Engineer Civil Engineering

# Chapter 10

## 슬래브

# Chapter 10 슬래브

## 요 구

주어진 도면과 작도조건 및 주의사항을 잘 읽고 주어진 모눈종이에 소요의 축척을 사용하여 도면을 완성하시오.

## 1. 도면작도 조건

(1) 철근의 배근 간격

① $S_1$, $S_2$, 철근은 200mm 간격으로 배근한다.

② $B_1$, $B_2$ 철근은 400mm 간격으로 배근한다.

③ $D_1$ 철근은 양 끝에서만 100mm 간격이고 전부 150mm 간격으로 배근한다.

④ $D_2$, $C_1$ 철근은 양 끝에서 100mm, 다음에서 150mm 간격이고 중앙 부분에서는 300mm로 배근한다.

(2) 도면의 배치

도면의 배치는 단면도 아래쪽에 평면도, 평면도 좌측에 측면도를 배치하고 철근 배열순서를 단면도 좌측에 그리고, 철근 상세도는 적절히 배치한다.

(3) 도면의 축척

① 도면의 축척은 단면도와 측면도에 맞추어 평면배근도를 상면과 하면으로 구분해서 1/40로 작도한다.

② 철근 상세도의 축척은 1/40로 작도한다.

# 슬래브 작도 순서 ⇨ ⇨

## 1. 정면도 작도

① 중심에 ℄ 을 그리고
좌우 4.75m를 작도
한다.

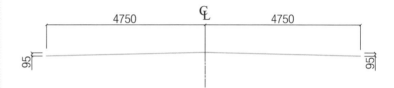

② 두께＝0.65m가 되게
　작도한다.

③ 정면도 치수를 기입
　한다.

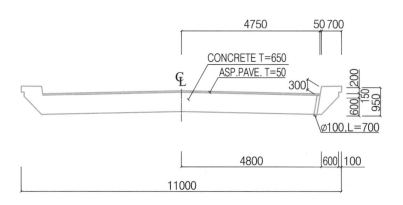

# 2. 철근 작도

① D1 철근을 작도한다.

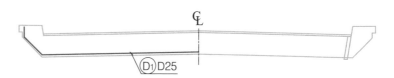

② D2 철근을 작도한다.

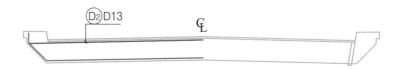

③ C1 철근을 작도한다.

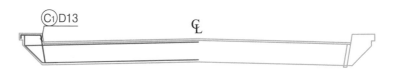

④ 스페이서 철근 C2를
작도한다.

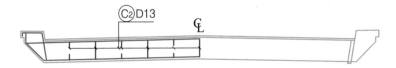

⑤ S2 철근을 작도한다.

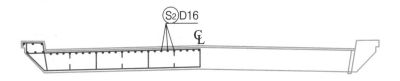

⑥ B1, B2, S1 철근을 하
부에 배근한다.

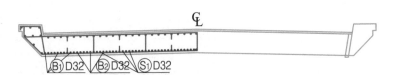

⑦ 정면도 철근기호를
   기입한다.

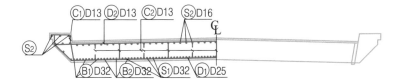

⑧ 정면도 철근 간격을
   기입한다.

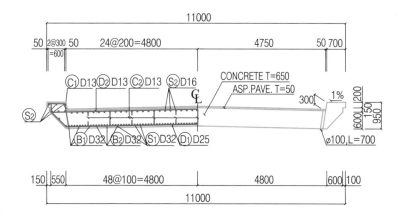

## 3. 측면도 작도

① 길이 9.98이 되게 작
　도한다.

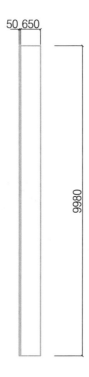

## 4. 철근 작도

① S1 철근을 하부에 작
　도한다.

② S2 철근을 상부에 작
　도한다.

③ B₁ 철근을 작도한다.

④ B₂ 철근을 작도한다.

⑤ D1 철근을 하부에 작
도한다.

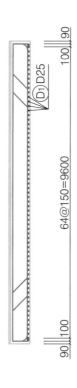

⑥ D2 철근을 상부에 작
도한다.

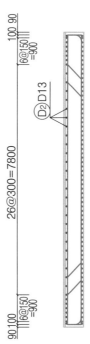

⑦ 스페이서 철근 C₁을
작도한다.

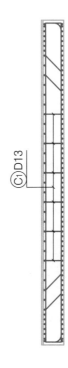

⑧ 측면도 철근 기호를
기입한다.

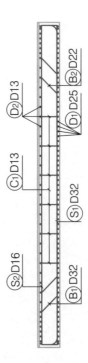

⑨ 측면도 단면 치수를
  기입한다.

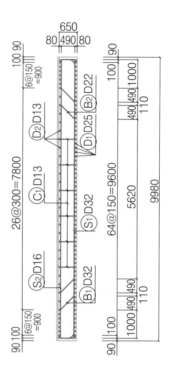

## 5. 평면도 작도

① 길이 11m, 폭 9.98m
를 작도한다.

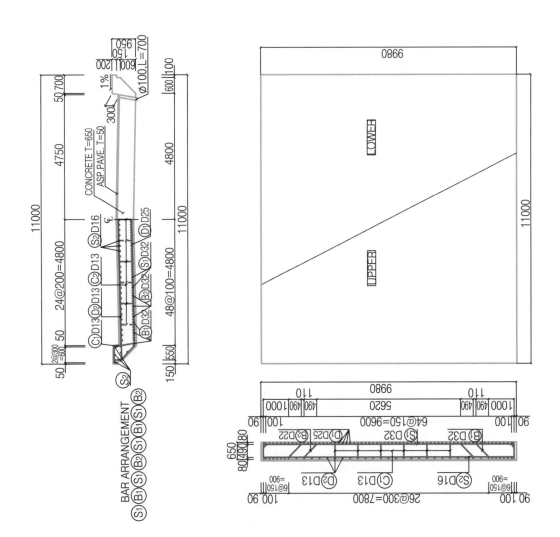

② S₁, B₁ 철근을 작도
　한다.

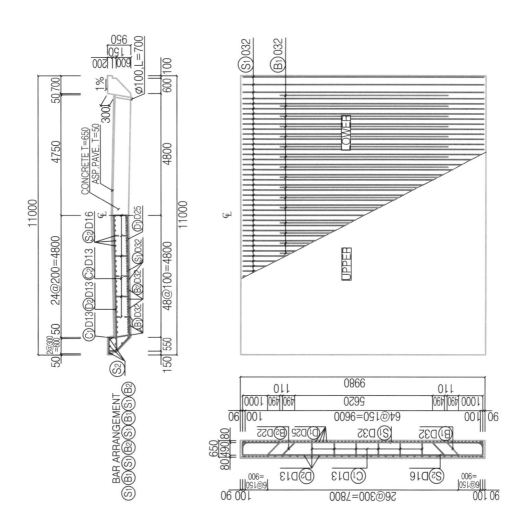

③ B2 철근을 작도한다.

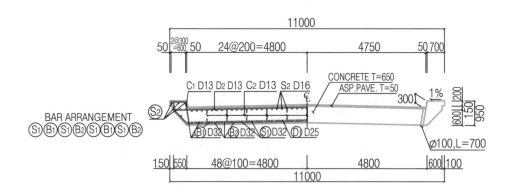

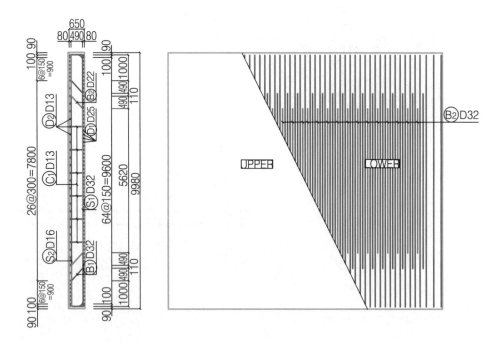

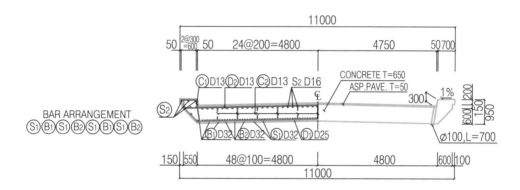

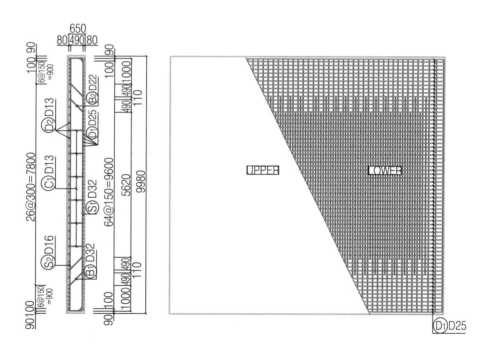

④ D1 철근을 작도한다.

BAR ARRANGEMENT

⑤ S2 철근을 작도한다.

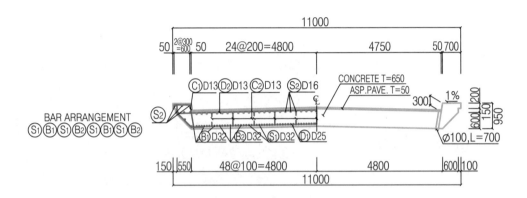

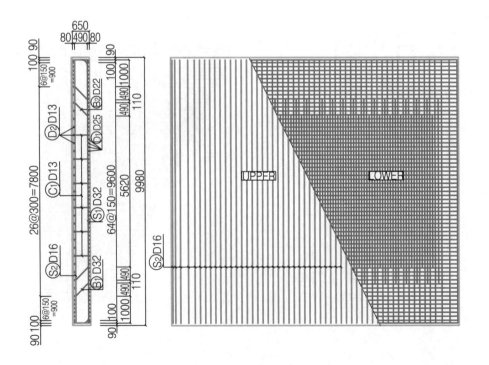

⑥ B₁ 철근을 작도한다.

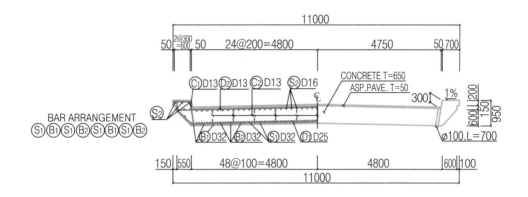

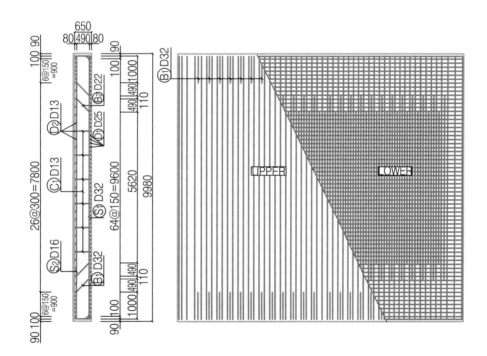

⑦ B₂ 철근을 작도한다.

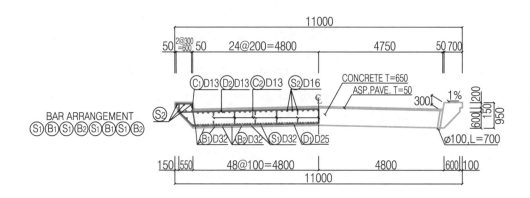

BAR ARRANGEMENT

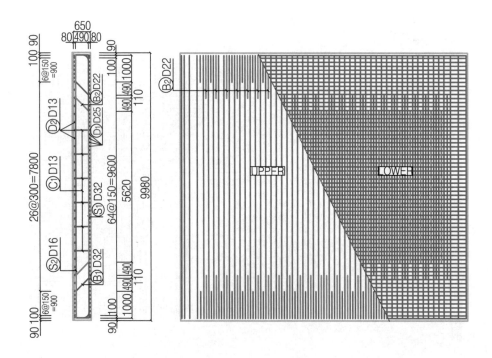

⑧ D2 철근을 작도한다.

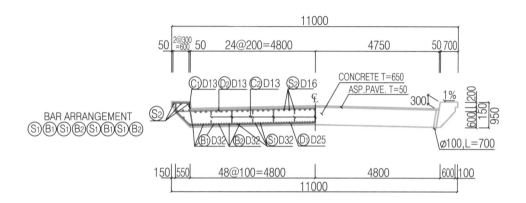

BAR ARRANGEMENT
Ⓢ1Ⓑ1Ⓢ1Ⓑ2Ⓢ1Ⓑ1Ⓢ1Ⓑ2

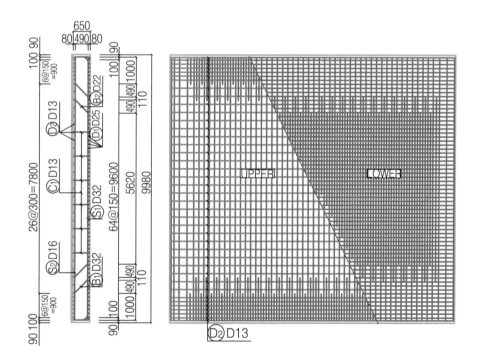

⑨ C1 철근을 작도한다.

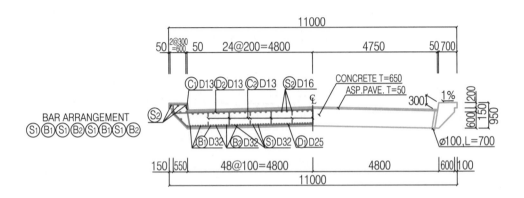

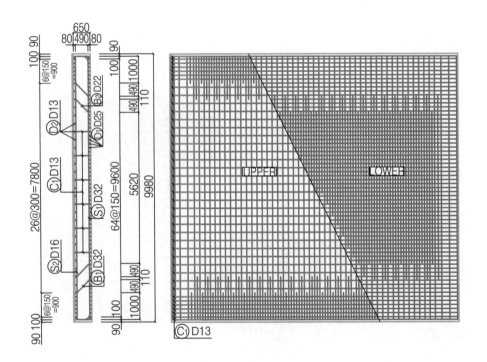

BAR ARRANGEMENT
(S₁)(B₁)(S₁)(B₂)(S₁)(B₁)(S₁)(B₂)

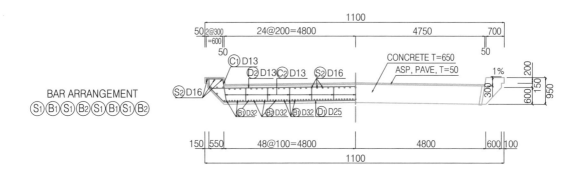

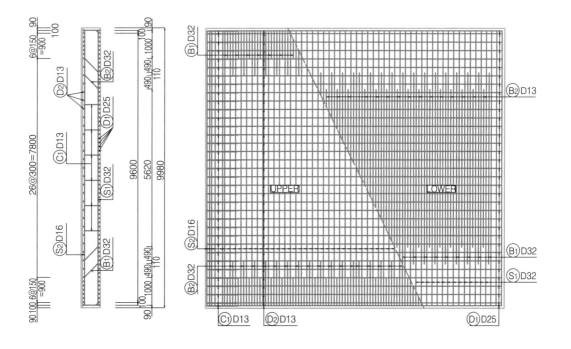

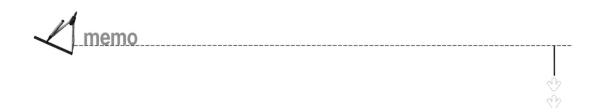

# 〈보충〉확대한 정답도면

## 1) CROSS SECTION

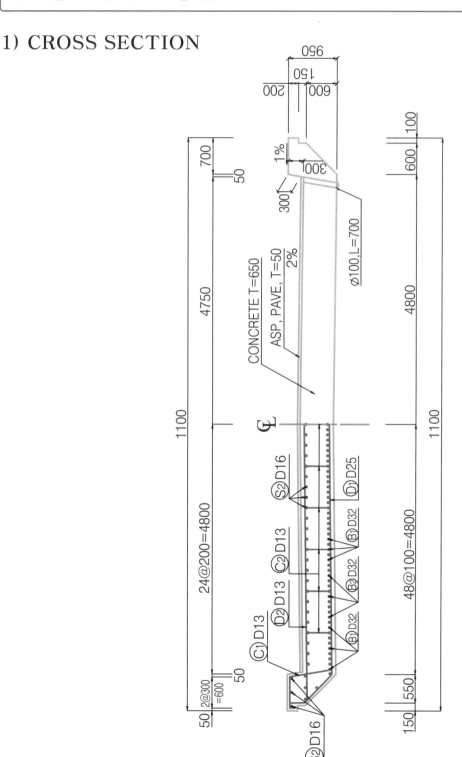

## 2) PLAN

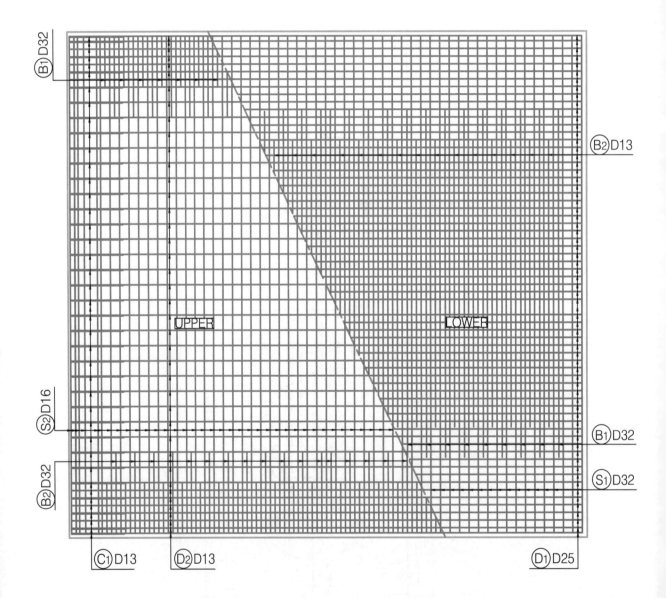

# 3) SIDE ELEVATION

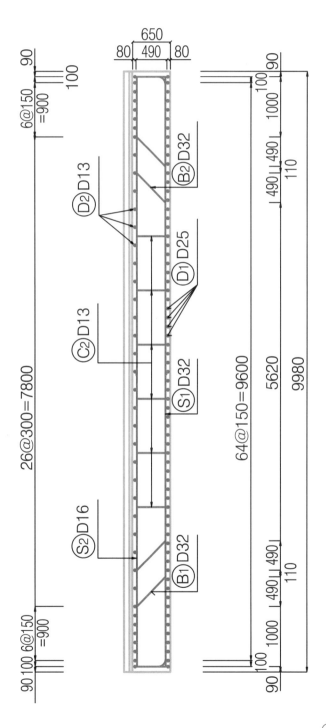

memo

Industrial Engineer Civil Engineering

# Chapter 11

## T형 교각

# Chapter 11 T형 교각

 요 구

주어진 도면과 작도조건 및 주의사항을 잘 읽고 주어진 모눈종이에 소요의 축척을 사용하여
도면을 완성하시오.

## 1. 도면작도 조건

### (1) 철근의 배근 간격

① $B_1$, $B_2$, J 철근은 각각 140mm 간격으로 배근한다.
② F 철근은 150mm 간격으로 배근한다.
③ G 철근은 200mm 간격으로 배근한다.

### (2) 도면의 배치

도면의 배치는 정면도를 중심으로 상부에 상판평면도, 하부에 확대기초 평면도, 우측에 측면도
를 작도하고, 상판 평면도 우측에 단면도를 작도하고 나머지 도면은 적당히 배치한다.

### (3) 도면의 축척

① 도면의 축척은 전도면을 1/40로 작도하되, 상판 평면도에서는 단면 1-1, 2-2, 3-3, 4-4로
구분하여 배근도를 작도한다.
② 확대기초 평면도는 1/4 부분만 작도한다.

## T형 교각 작도 순서

## 1. 정면도 작도

① 상판 길이 9.5m를 작
도한다.

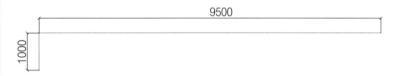

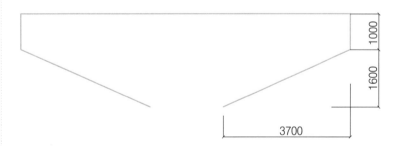

②기둥 2.4m를 작도한다.

③확대기초 7.5m를 작도한다.

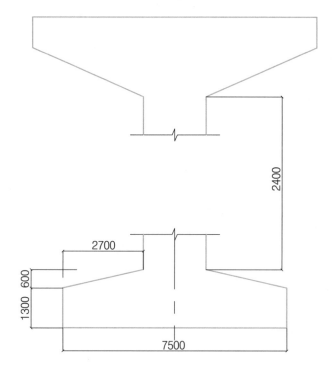

④기둥의 타원을 작도한다.

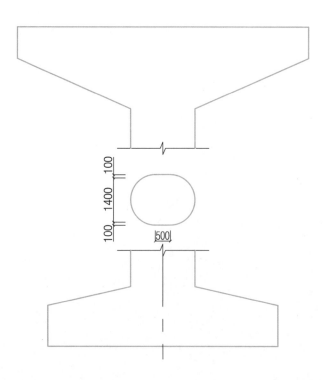

## 2. 주철근 작도

①J 철근을 상판에 작
도한다.

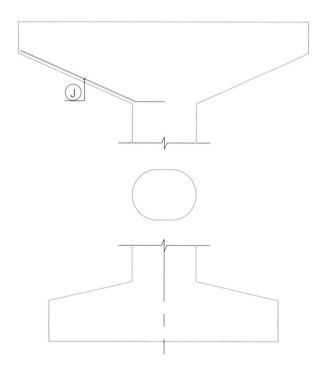

②$S_2$ 철근을 문제도면
단면 1-1을 보고 작
도한다.

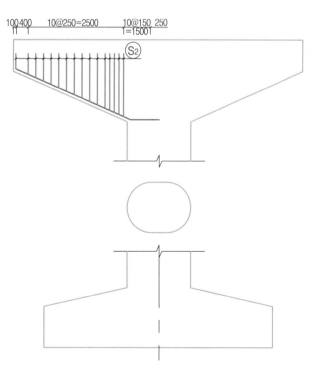

② S₁ 철근을 작도한다.

(간격은 S₂와 같다)

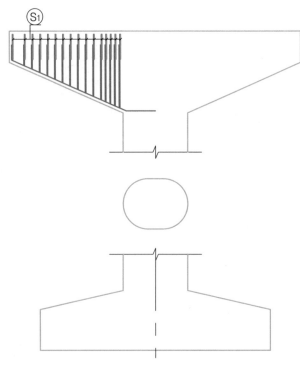

③ B₁ 철근을 작도한다.

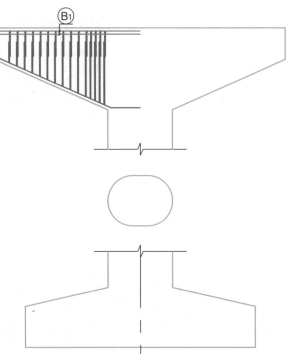

④ B₂ 철근을 작도한다.

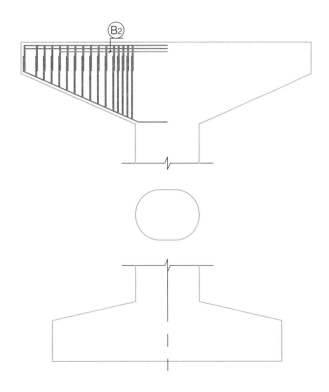

⑤ D₁ 철근을 작도한다.

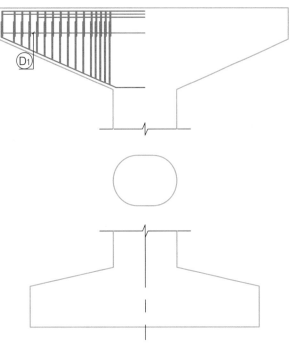

⑥ D₂ 철근을 작도한다.

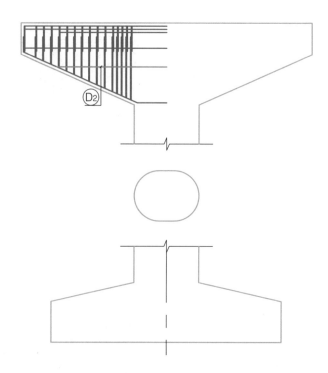

⑦ C₂ 철근을 작도한다.

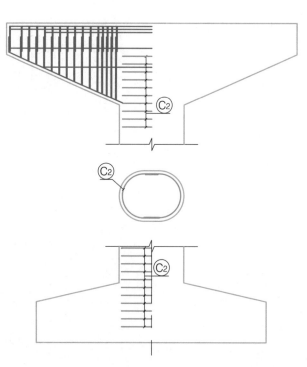

⑧ C3 철근을 작도한다.

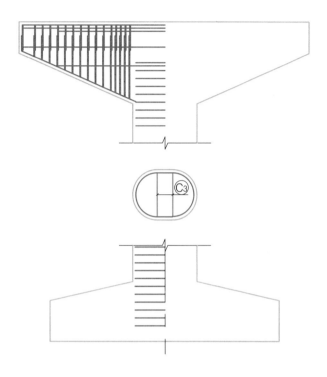

⑨ C1 철근을 작도한다.

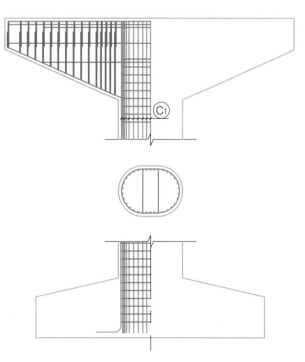

⑩ F 철근을 기초에 작
　도한다.

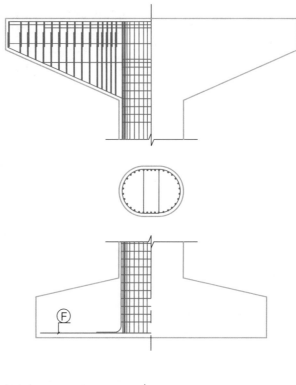

⑪ G 철근을 기초에 작
　도한다.

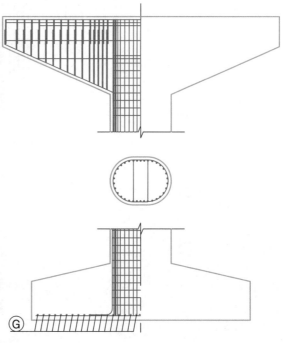

⑫ E 철근을 작도한다.

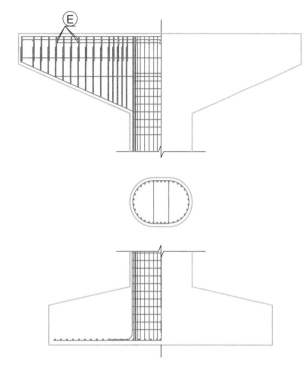

⑬ 정면도 치수를 기입
한다.

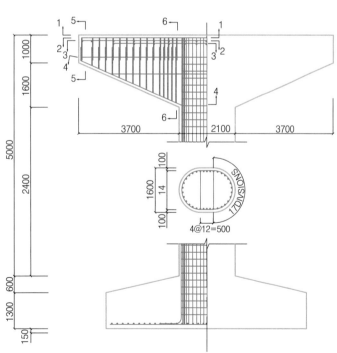

⑭ 정면도 철근 기호를
기입한다.

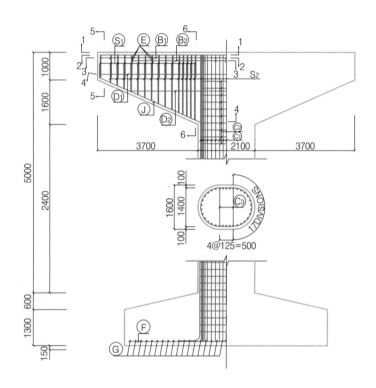

## 3. 측면도 작도(5 – 5)

① 폭 2m를 작도한다.

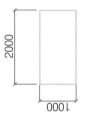

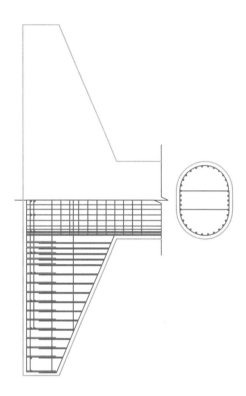

② S1 철근을 작도한다.

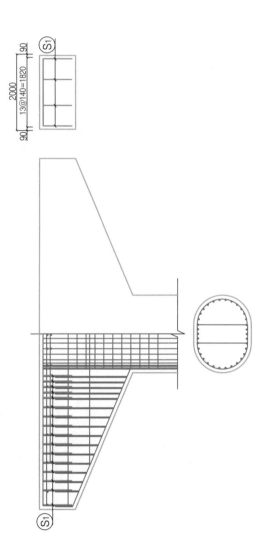

③ B1 철근을 작도한다.

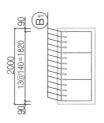

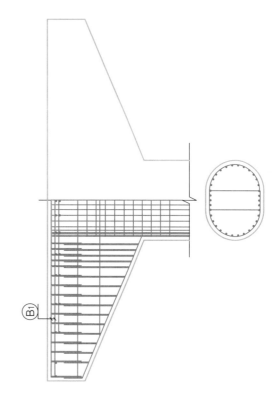

④ E 철근을 작도한다.

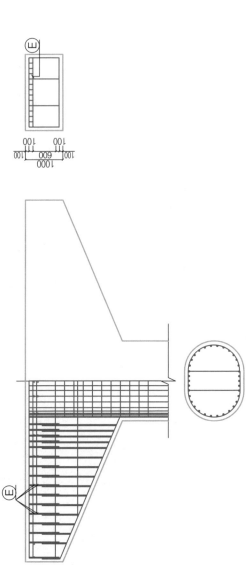

⑤ D1 철근을 작도한다.

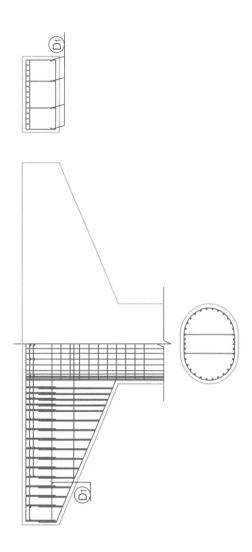

⑥ J 철근을 작도한다.

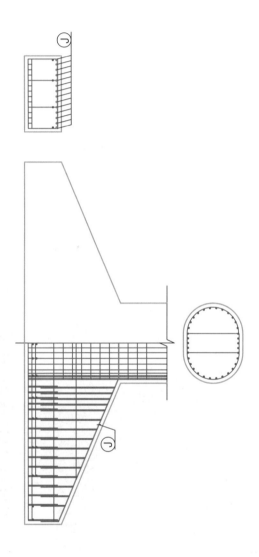

⑦ B₂ 철근을 작도한다.

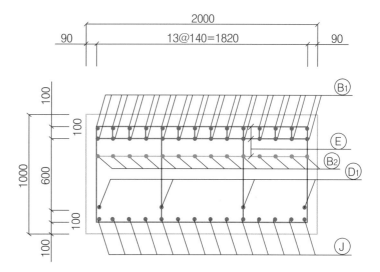

## 4. 측면도 작도(6 − 6)

① 폭 2m를 작도한다.

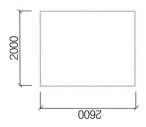

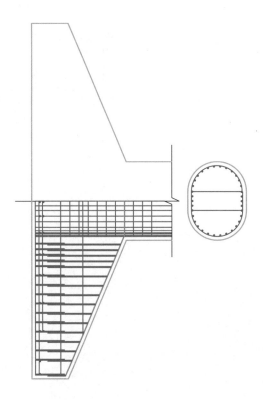

② J 철근을 작도한다.

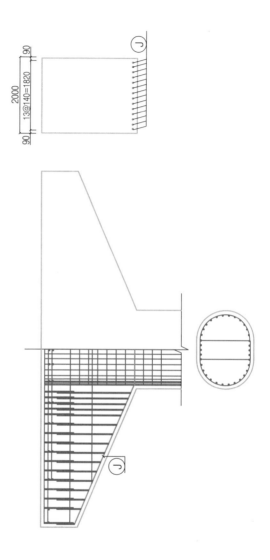

③ S2 철근을 작도한다.

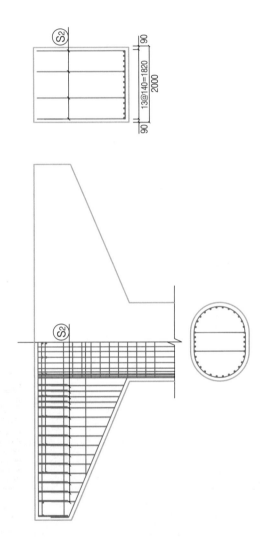

④ B1`철근을 작도한다.

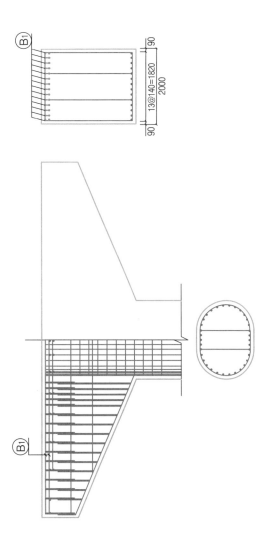

⑤ E 철근을 작도한다.

S1 철근을 작도한다.

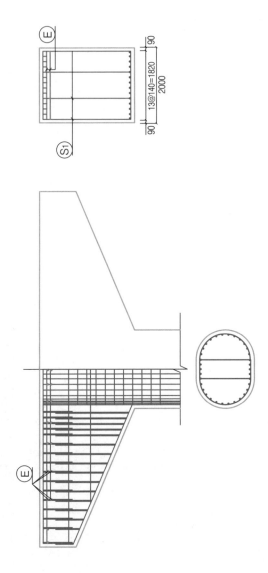

⑥ B₂ 철근을 작도한다.

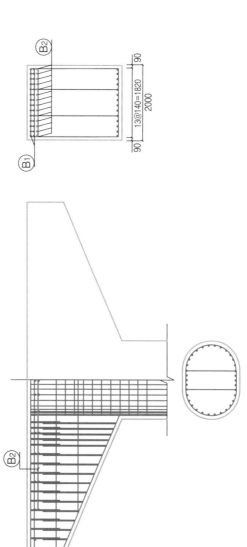

⑦ D1, D2 철근을 작도
　 한다.

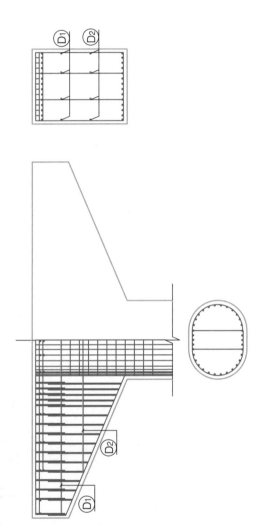

⑧ 단면도 치수와 기호
를 기입한다.

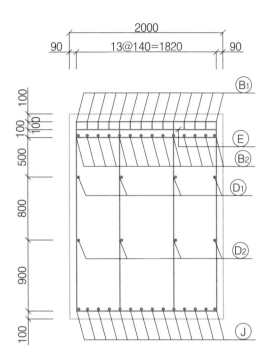

## 5. 측면도 작도

① ▤ 경사 부분을 작도한다.

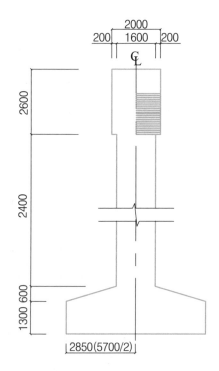

② C₂ 철근을 작도한다.

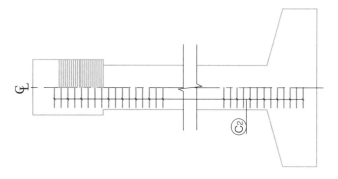

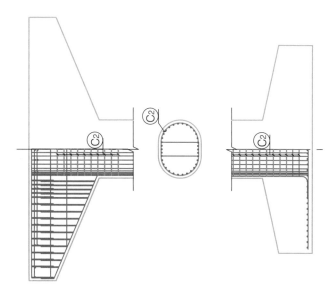

③ C3 철근을 작도한다.

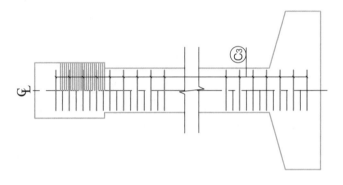

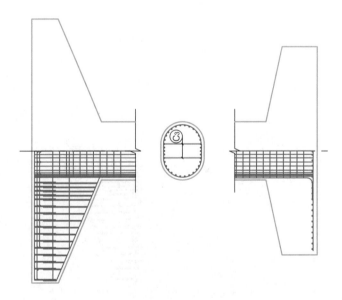

④ $C_1$ 철근을 작도한다.

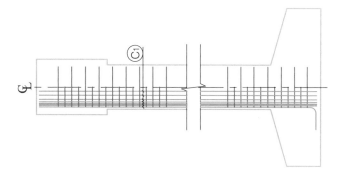

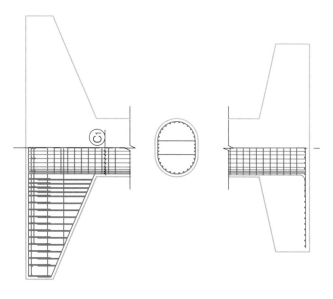

⑤ F 철근을 작도한다.

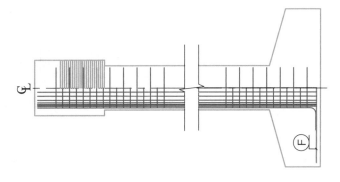

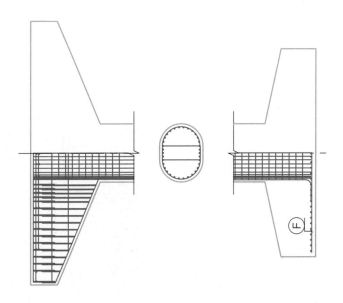

⑥ G 철근을 작도한다.

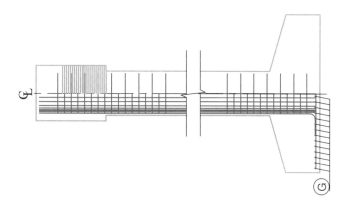

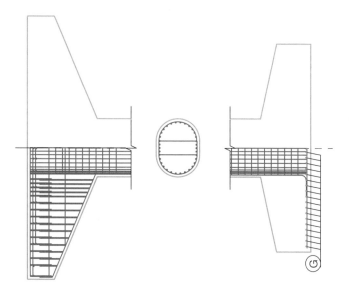

⑦ 측면도 치수를 기입
한다.

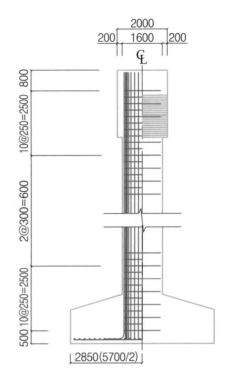

⑧ 측면도 철근 기호를
기입한다.

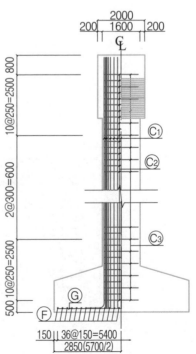

# 6. 평면도 작도

① 길이 9.5m, 폭 2m를 작도한다.

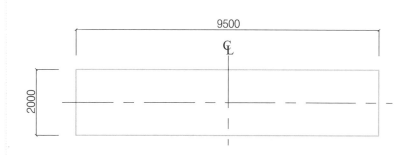

② S1 철근을 작도한다.

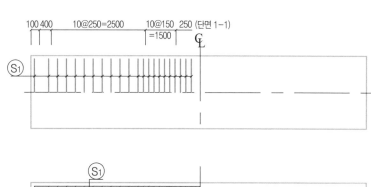

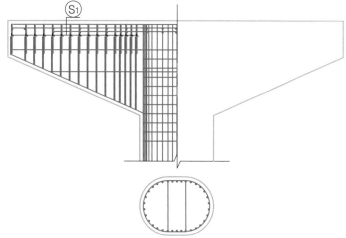

③ B₁ 철근을 작도한다.

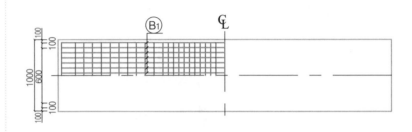

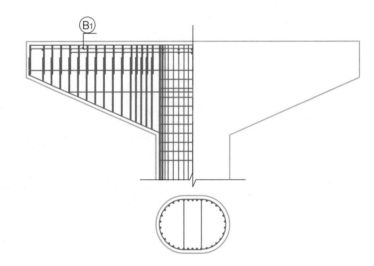

④ B1 철근을 작도한다.

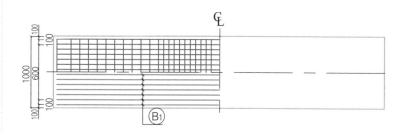

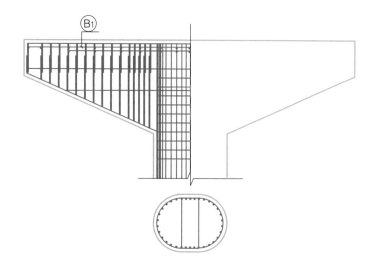

⑤ E 철근을 작도한다.

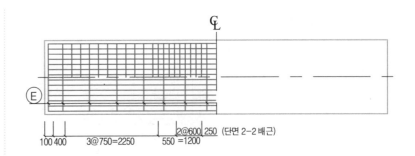

100 400    3@750=2250    550    2@600 250 (단면 2-2 배근)
                                  =1200

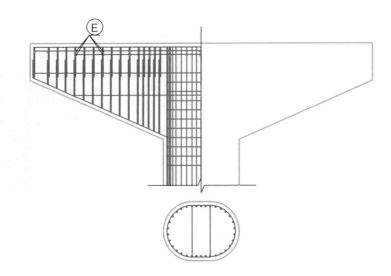

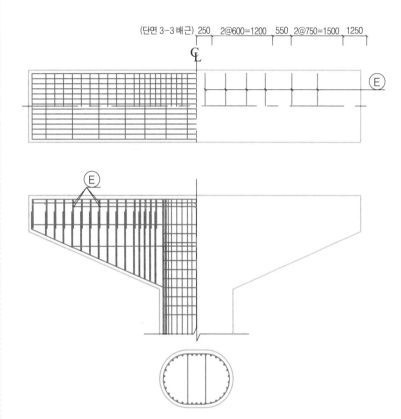

(단면 3-3 배근) 250　2@600=1200　550　2@750=1500　1250

⑥ B2 철근을 작도한다.

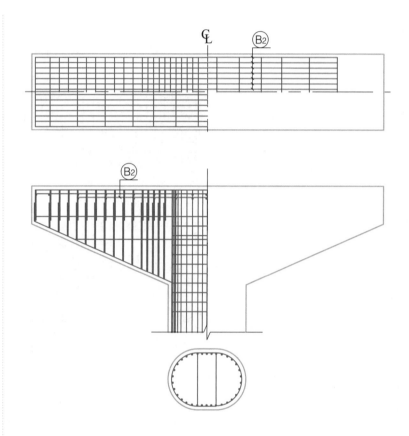

⑦ S₂ 철근을 작도한다.

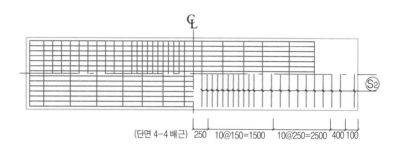

(단면 4-4 배근)　250　10@150=1500　10@250=2500　400 100

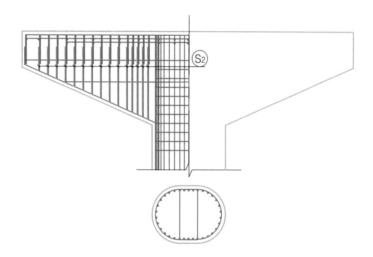

⑧ J 철근을 작도한다.

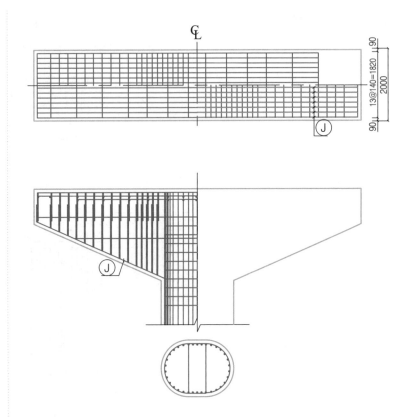

⑨ C3 철근을 작도한다.

C2 철근을 작도한다.

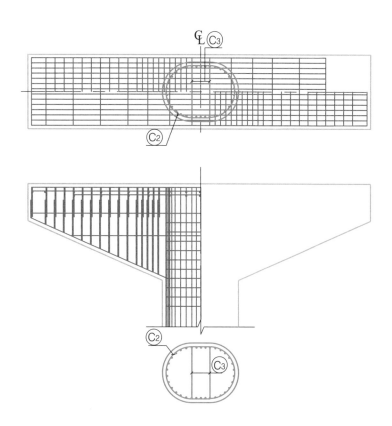

⑩ 평면도 치수를 기입
한다.

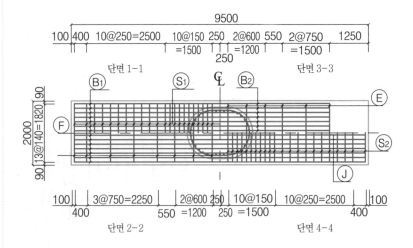

⑪ 평면도 철근 기호를
기입한다.

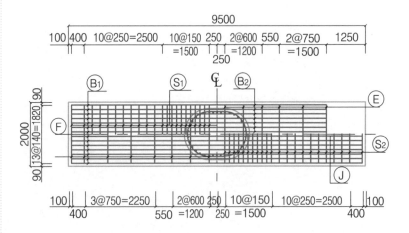

# 7. 확대 기초 작도

① 길이 7.5m, 폭 5.7m/2
을 작도한다.

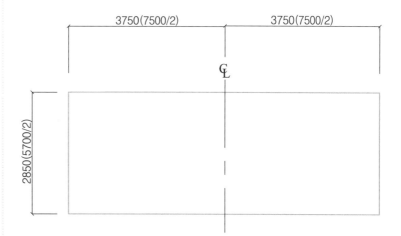

② F 철근을 작도한다.

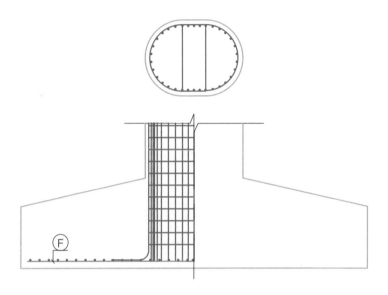

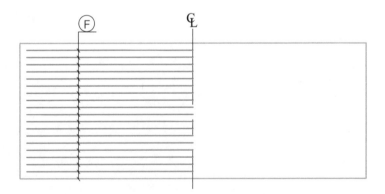

③ G 철근을 작도한다.

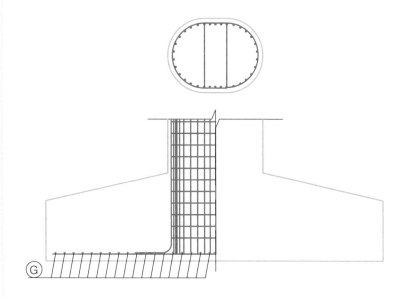

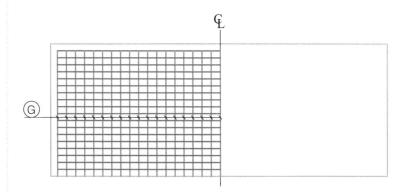

④ C2 철근을 작도한다.

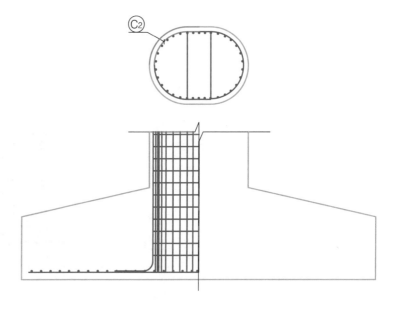

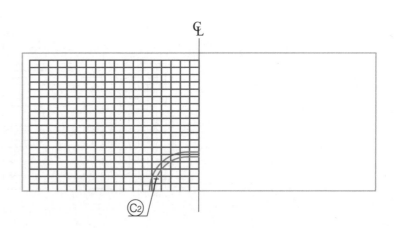

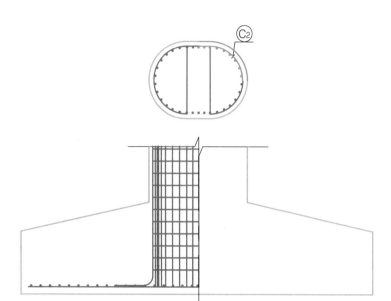

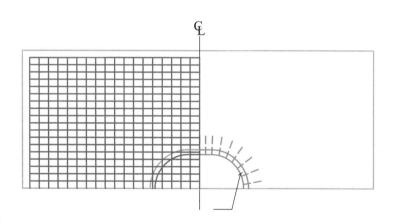

⑤ 확대기초 철근 간격
을 기입한다.

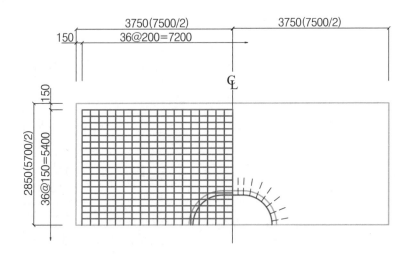

⑥ 확대기초 철근 기호
를 기입한다.

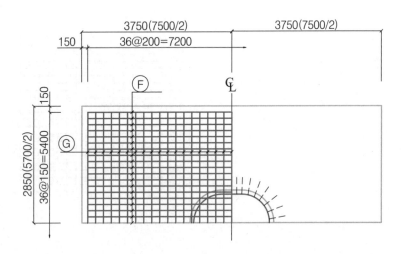

# 〈보충〉 확대한 정답도면

## 1) 정면도

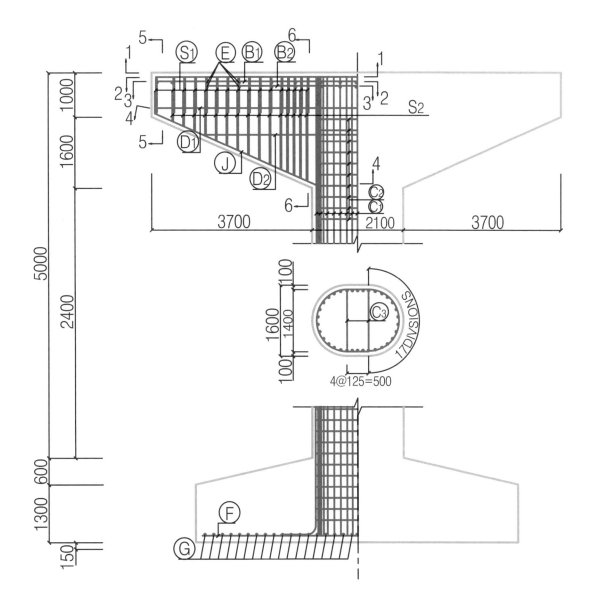

## 2) 평 면 도

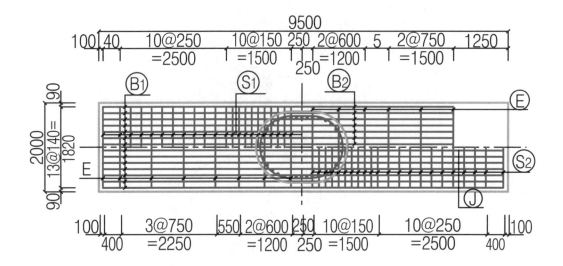

## 3) 확대기초

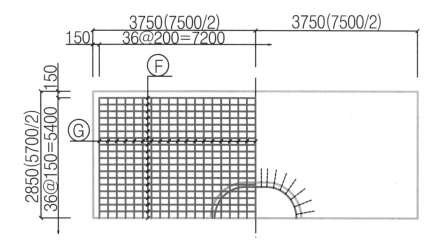

## 4) 측 면 도

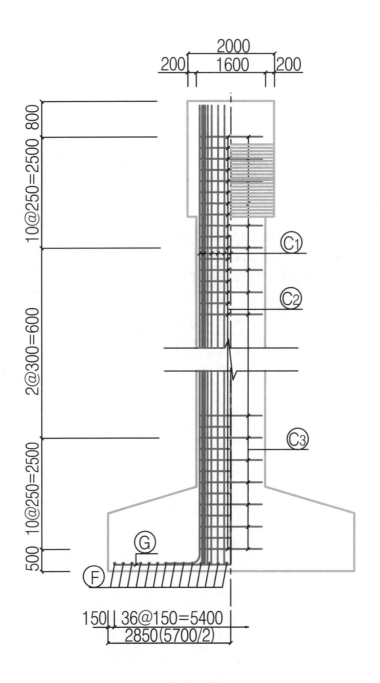

## 토목산업기사 실기 과년도 출제현황(최근 12년간)

| 년도 | 회차 | 출제종목 | 년도 | 회차 | 출제종목 |
|---|---|---|---|---|---|
| 2005 | 1회 | 옹벽(L형, 선반식) | 2011 | 1회 | 옹벽(L형, 선반식) |
| | 2회 | 교대(반중력식) | | 2회 | 도로암거(1연) |
| | 4회 | 옹벽(앞부벽식) | | 4회 | 도로암거(1연) |
| 2006 | 1회 | 옹벽(역 T형) | 2012 | 1회 | 옹벽(역 T형) |
| | 2회 | 옹벽(앞부벽식) | | 2회 | 도로암거(1연) |
| | 4회 | 옹벽(역 T형, 선반식) | | 4회 | 옹벽(역 T형옹벽, 활동방지벽(돌출)) |
| 2007 | 1회 | 옹벽(앞부벽식) | 2013 | 1회 | 옹벽(L형, 선반식) |
| | 2회 | 옹벽(역 T형) | | 2회 | 도로암거(1연) |
| | 4회 | 옹벽(역 T형, 선반식) | | 4회 | 옹벽(역 T형, 활동방지벽(돌출)) |
| 2008 | 1회 | 옹벽(앞부벽식) | 2014 | 1회 | 도로암거(1연) |
| | 2회 | 도로암거(1연) | | 2회 | 도로암거(1연) |
| | 4회 | 옹벽(역 T형) | | 4회 | 옹벽(역 T형, 활동방지벽(돌출)) |
| 2009 | 1회 | 옹벽(L형, 선반식) | 2015 | 1회 | 옹벽(역 T형) |
| | 2회 | 도로암거(1연) | | 2회 | 옹벽(역 T형) |
| | 4회 | 교대(역 T형) | | 4회 | 도로암거(1연) |
| 2010 | 1회 | 옹벽(역 T형) | 2016 | 1회 | 암거 |
| | 2회 | 도로암거(1연) | | 2회 | 앞부벽 |
| | 4회 | 옹벽(역 T형) | | 4회 | 옹벽(역 T형) |

## 최근 7년간(2010~2016년) 출제빈도

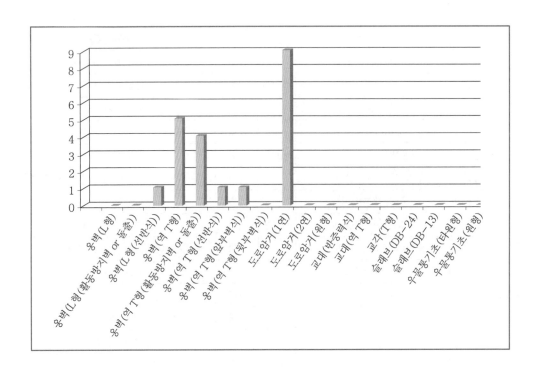

| | | | |
|---|---|---|---|
| 옹벽(L형) | 0 | 도로암거(2연) | 0 |
| 옹벽(L형(활동방지벽 or 돌출)) | 0 | 도로암거(원형) | 0 |
| 옹벽(L형(선반식)) | 1 | 교대(반중력식) | 0 |
| 옹벽(역 T형) | 5 | 교대(역 T형) | 0 |
| 옹벽(역 T형(활동방지벽 or 돌출)) | 4 | 교각(T형) | 0 |
| 옹벽(역 T형(선반식)) | 1 | 슬래브(DB-24) | 0 |
| 옹벽(역 T형(앞부벽식)) | 1 | 슬래브(DB-13) | 0 |
| 옹벽(역 T형(뒷부벽식)) | 0 | 우물통기초(타원형) | 0 |
| 도로암거(1연) | 9 | 우물통기초(원형) | 0 |

# 토목산업기사 도면작도

**발행일** | 2006년 6월 5일 초판 발행
2008년 4월 10일 2쇄
2011년 3월 5일 1차 개정
2017년 3월 10일 2차 개정
2021년 3월 30일 3차 개정

**저 자** | 이관석 · 박기식
**발행인** | 정용수
**발행처** | 예문사

**주 소** | 경기도 파주시 직지길 460(출판도시) 도서출판 예문사
**T E L** | 031) 955 – 0550
**F A X** | 031) 955 – 0660
**등록번호** | 11 – 76호

정가 : 28,000원

ISBN 978–89–274–3964–6  13530